纳米复合流体的
摩擦学行为及热轧表面效应

贺佳琪　著

中国矿业大学出版社

·徐州·

内 容 提 要

本书主要介绍了作者在纳米复合粒子的制备以及纳米复合流体应用于热轧工艺润滑的相关研究成果。全书共分9章,主要论述了纳米复合流体制备的基本理论、纳米复合流体的摩擦学行为及润滑机理、纳米复合流体热轧润滑性能及表面效应、纳米复合流体诱导的带钢表面耐蚀性强化等内容。

本书可作为材料加工工程、机械工程、纳米摩擦学、材料物理和化学等有关专业领域的高校教师、科研人员和研究生的参考用书。

图书在版编目(C I P)数据

纳米复合流体的摩擦学行为及热轧表面效应/贺佳琪著.—徐州:中国矿业大学出版社,2024.11

ISBN 978 - 7 - 5646 - 5942 - 4

Ⅰ.①纳… Ⅱ.①贺… Ⅲ.①纳米材料－复合材料－摩擦学－研究 Ⅳ.①TB383

中国国家版本馆 CIP 数据核字(2023)第 167632 号

书 名	纳米复合流体的摩擦学行为及热轧表面效应
著 者	贺佳琪
责任编辑	何晓明 耿东锋
出版发行	中国矿业大学出版社有限责任公司
	(江苏省徐州市解放南路 邮编221008)
营销热线	(0516)83885370 83884103
出版服务	(0516)83995789 83884920
网 址	http://www.cumtp.com E-mail:cumtpvip@cumtp.com
印 刷	苏州市古得堡数码印刷有限公司
开 本	787 mm×1092 mm 1/16 印张 14.75 字数 288 千字
版次印次	2024 年 11 月第 1 版 2024 年 11 月第 1 次印刷
定 价	65.00 元

(图书出现印装质量问题,本社负责调换)

前　言

　　《中华人民共和国国民经济和社会发展第十四个五年规划和2035年远景目标纲要》(以下简称"十四五"规划)提出,要加快发展现代产业体系,巩固壮大实体经济根基,深入实施制造强国战略,推动制造业优化升级。板带钢作为精密机械、汽车制造、能源材料、航空航天等领域的重要材料,近年来呈现向零表面缺陷、高尺寸精度等方向发展,因而对板带钢热轧不可或缺的工艺润滑技术提出了更高要求。钢板在热加工过程中表面氧化伴生的压氧缺陷和材料及能源损耗,也严重制约了板带钢产品的高质量发展。而通过化学合成等手段得到兼具不同纳米材料优异特性的纳米复合粒子,在此基础上制备纳米复合流体并应用于热轧工艺润滑,能够为高性能润滑剂的开发提供新途径。同时,基于纳米粒子优异的成膜性和穿透阻隔性,借助其在热轧带钢表面的铺展实现对金属表面氧化的抑制,甚至扩散到基体改善轧后带钢产品表面性能,是极具研究意义和应用前景的方向。

　　然而,随着智能制造、工业互联网和电子信息工业等高新技术领域对金属材料需求的日益提高,金属材料加工过程中不可或缺的金属加工润滑剂快速发展,同时也面临着巨大挑战。针对切削、轧制、拉拔等不同的加工工况以及钢、不锈钢、钛合金、钽合金、有色金属合金等材料的多样化,金属加工润滑剂定制开发具有极高的研究价值,是今后金属加工润滑剂领域发展的重要方向。目前,金属加工润滑剂配方设计常用的试错法、经验法以及正交实验设计、响应曲面法等传统方法逐渐显现出效率低下、局限性高、可靠性差等弊端,已难以满足金属加工润滑剂的上述个性化需求,采用传统实验方法也无法从原子和分子层面剖析金属加工润滑剂成分对其性能的影响及其作用的本质。因此,将分子动力学模拟引入金属加工润滑剂的配方设计、性能评价、机理探索等,对于推动金属加工摩擦与润滑技术的发展和应用具有重要意义。

本书由国家开放大学贺佳琪撰写完成。撰写过程中笔者深入研究了大量文献,并结合自身的实验研究经验进行了深入的分析和讨论。希望这本书能够为读者提供纳米流体润滑、金属材料加工和分子动力学模拟等领域全面而深入的知识,同时也能为相关领域的研究者提供有价值的参考。

感谢国家自然科学基金项目(项目编号:51874036)和北京市自然科学基金项目(项目编号:2182041)对本书所涉及研究内容的资助,感谢北京科技大学孙建林教授对本书中研究内容的指导。

由于编写时间和水平所限,书中难免存在瑕疵,恳请各位专家学者和读者批评指正。

著 者
2024 年 9 月

目　　录

第1章　绪　　论

1.1　金属轧制工艺润滑的挑战与发展趋势

　　随着航空航天、能源交通、汽车等产业的发展,关键领域如汽车制造、精密制造行业对板带钢综合质量的要求日益提高。热轧作为板带钢加工过程中最基本和关键的生产步骤,轧制变形区极高的压力和摩擦力会导致严重的表面磨损,造成产品表面质量和性能缺陷,因此采用适宜的工艺润滑技术必不可少。同时,高温条件下板带钢表面形成的氧化层以及合金元素烧损现象会严重影响轧后表面质量和耐磨耐蚀性,降低材料利用率;在轧制过程中,未剥落的氧化层会被压入带钢表面造成压氧缺陷,不仅严重影响带钢的表面质量,还会遗留至后续酸洗和冷轧阶段,对加工产品的表面性能和服役寿命等带来诸多不利影响[1]。因此,改良热轧工艺润滑技术以获得更高品质板带钢产品具有深远的现实意义,是亟待探索的重要科学问题。

　　近年来,纳米粒子由于其优异的润滑性、导热性和扩散性[2-4],成为摩擦润滑领域的研究热点,如纳米 TiO_2、SiO_2、Al_2O_3、六方氮化硼、石墨烯等。尤其是近年来"纳米复合材料"及"协同润滑效应"理论的提出和相关研究的不断深入,将不同类型的纳米粒子通过化学合成和复配得到纳米复合流体[5],为新型高性能润滑剂的开发提供了新思路。在部分条件下,相较于仅含单一类型纳米粒子的纳米流体,纳米复合流体能够具备更优异的分散稳定性[6]。不同的纳米粒子也有着各自独特的结构及硬度、密度、化学活性等物化性能,不同的纳米粒子复合形成的纳米复合材料在保持各组分优异性能的基础上也可能出现单一组分不具备的新性能[7]。为此,兼具上述优异性能和分散稳定性的纳米复合材料,可能会具有更为突出的摩擦学性能,为纳米技术在热轧工艺润滑领域的应用开辟了新途径。

纳米粒子具有极高的比表面积和优异的成膜性,借助高温摩擦表面相对运动时的热量和机械能,极易沉积和吸附在金属表面进而发生一系列物理和化学过程,甚至扩散到基体中改变板带钢表面组织的微观结构和化学成分[8-9],对于提高产品表面性能如耐磨耐蚀性有一定的潜力。此外,纳米粒子在金属防腐蚀涂层领域的相关研究和应用表明其对于腐蚀介质粒子的扩散具备高效的穿透阻隔性,理论上能够完全隔绝环境中的腐蚀介质(Cl^-、H_3O^+、SO_4^{2-} 等)与金属基体的接触[10-11]。板带钢在热轧过程中的高温氧化现象,本质上也是环境中的 O_2、H_2O 等分子与表面金属原子接触并发生反应的过程。因此,将纳米流体应用于板带钢热轧润滑,在实现抗磨减摩效果改善轧后表面质量基础上,极有可能在一定程度上阻止金属表面与外界环境介质接触,从而有效抑制热轧过程中板带钢的高温氧化。

尽管纳米流体作为润滑剂的摩擦学行为已有大量的实验研究,但对于纳米粒子的润滑机理,相关研究结论和观点尚不统一[12-13]。而含有不同纳米粒子的纳米复合流体,其抗磨减摩机理势必更加复杂。由于纳米流体在摩擦副间的摩擦学行为涉及微观尺度的动态变化过程,难以通过常规实验手段直观地获得,因而以往对于其润滑机理的研究大多基于实验结果的推测,缺乏原子水平上的理论支持。而借助量子化学计算和分子动力学模拟可以从本质上更直观、更全面和更真实地模拟或重现实际热轧工艺润滑过程,弥补传统实验方法的不足,能够为揭示纳米复合流体的润滑机理提供独特的见解。与此同时,通过模拟计算不同温度、压力等条件下原子的扩散和传输性质,对于明确金属表面与纳米粒子、气体分子的物理吸附、化学反应等交互作用具有重要的理论价值和指导作用。

基于以上分析,本书介绍了纳米复合流体的协同润滑机理的相关研究,并提出了纳米粒子在带钢热轧润滑过程中的"表面效应",包括纳米粒子改善热轧带钢表面质量、抑制金属高温氧化以及向带钢基体扩散诱导表面微观结构演变、表面耐蚀性强化的相关作用机制。结合多层次多尺度实验表征方法以及量子化学计算和分子动力学模拟,首先,从纳米复合流体热轧润滑剂的制备出发,通过摩擦学实验和热轧润滑实验,探究了纳米复合粒子的协同减摩润滑机理并建立了相应模型;其次,进一步对轧后带钢表面的微观组织和化学成分表征分析,明确纳米复合流体对高温带钢的氧化抑制作用以及诱导的表面微观结构演变,并揭示纳米复合流体在热轧带钢的表面效应关联作用机制;最后,采用电化学实验探究纳米复合流体上述表面效应对轧后带钢表面耐蚀性的强化效果,以开拓借助热轧润滑过程同步降低金属氧化损耗,并同时提高热轧板带钢产品表面性能和服役寿命这一新途径。

1.2 研究内容及技术路线

为有效降低板带钢热轧过程的摩擦磨损,提高轧后产品表面质量和综合性能,以满足高端制造等领域对热轧板带钢日益提高的要求,本书制备了相比一般纳米流体润滑性能更加优异的纳米复合流体作为润滑剂。结合实验方法及分子动力学模拟,对其摩擦学性能、钢-钢摩擦副磨损行为和热轧润滑机理进行了研究;通过对轧后带钢表面的微观组织和化学成分进行表征,深入揭示纳米复合流体热轧润滑过程中对带钢的"表面效应",包括纳米粒子抑制金属高温氧化以及向带钢基体扩散诱导表面微观结构演变的相关作用机制;采用电化学实验,探究纳米复合流体上述表面效应对轧后带钢表面耐蚀性的强化效果,以期开拓借助热轧润滑过程降低金属氧化损耗,同时提高热轧板带钢产品表面性能这一新途径。具体的技术路线如图 1-1 所示。

具体的研究内容如下:

① 选取具有良好润滑性能且含表面合金化元素的片层纳米粒子 MoS_2 以及球形纳米粒子 Al_2O_3,通过溶剂热法合成得到纳米复合粒子;通过溶剂热法制备氮元素掺杂的碳量子点(N-CQDs)。随后,采取适当的分散方法制备 MoS_2-Al_2O_3 以及 N-CQDs-MoS_2 纳米复合流体,通过粒径分析、TEM、XPS、XRD 等表征手段对其结构、分散稳定性和热稳定性等进行表征。

② 通过四球摩擦磨损实验,对纳米复合流体的摩擦学性能进行评价;结合响应曲面法(Response Surface Methology,RSM),构建纳米流体浓度 c、摩擦副转速 v、实验力 F、温度 T 四个变量与摩擦学性能参数的多元二次关系的定量数学模型,探究不同变量以及变量的交互作用对纳米流体摩擦学性能的影响。

③ 进行纳米复合流体润滑条件下钢-钢摩擦副的销-盘磨损和带钢热轧实验,利用 SEM、XPS、FIB、TEM 等表征手段考察磨损表面形貌、纳米粒子的分布及表面元素的化学价态,明晰摩擦过程中的物理化学反应;借助分子动力学模拟中的约束剪切模块,从原子尺度动态地研究纳米复合粒子的协同减摩润滑机理,建立相应的极压减摩协同润滑模型。

④ 利用 XRD、EBSD 等表征手段对纳米粒子在带钢表面的沉积和扩散情况进行观察,明确纳米扩散相的物相结构,探究纳米复合流体作用下轧后带钢表面微观结构的演变规律;基于量子化学中的过渡态搜索,研究纳米粒子中的

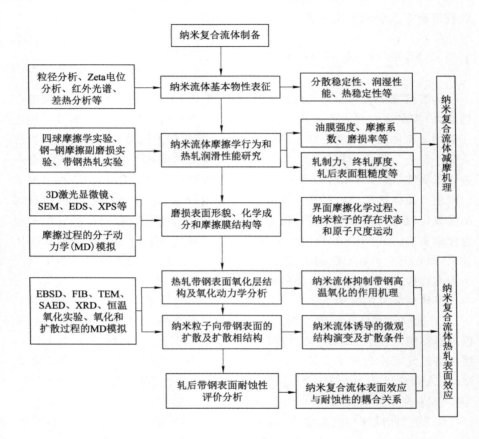

图 1-1 技术路线图

原子与钢板表面原子间的扩散方式（间隙、空位、易位扩散等）及扩散激活能 Q，明确纳米粒子在热轧带钢表面扩散的条件，进而获得纳米粒子与高温表面反应的临界条件和判据。

⑤ 通过热重方法进行恒温氧化动力学实验，同时结合 LAMMPS 中的 Diffusion 模块，基于菲克定律和爱因斯坦扩散方程，计算氧化介质分子在不同环境条件下向钢板基体扩散的均方位移 MSD、扩散通量 J、扩散系数 D、浓度分布等，探究纳米粒子作用下热轧带钢表面氧化层生长的反应动力学规律，揭示热轧过程中纳米复合流体抑制金属表面高温氧化的作用机理。

⑥ 采用动电位极化曲线、交流阻抗谱等电化学方法，研究纳米复合流体润滑条件下的轧后带钢在 NaCl 溶液中的腐蚀行为。通过对腐蚀表面形貌及

腐蚀特征的多手段表征,探究纳米复合流体的表面效应对轧后带钢的耐蚀性强化机理。结合复合纳米流体的协同减摩机理及其诱导的微观结构演变和抑制表面氧化作用,阐明纳米复合流体对热轧带钢的表面效应。

1.3　研究创新及技术关键点

1.3.1　研究创新点

(1) 动态分析 MoS_2-Al_2O_3 纳米复合流体的协同润滑机理

纳米复合流体润滑的摩擦界面生成了双层摩擦膜,包含由无定形结构和纳米粒子组成的物理吸附膜以及由 Fe_3O_4、Fe_2O_3、$Fe_2(SO_4)_3$ 组成的化学反应层。分子动力学模拟表明,Al_2O_3 在摩擦副间的运动以低摩擦系数的滚动运动为主,MoS_2 通过层间滑移将部分作用于金属表面的摩擦转化为片层内摩擦。

(2) 揭示了纳米粒子对热轧表面微观结构的影响并构建了扩散模型

在轧后表面生成了含 Al_2O_3、FeS、$FeMo_4S_6$ 相的扩散层,且 Al_2O_3 的沉积显著抑制了带钢高温氧化。进一步借助量子化学和分子动力学揭示了纳米粒子的氧化抑制机理,以及其中原子向带钢基体的固溶扩散机制,并建立了原子宏观扩散深度随温度、压强和时间变化的多元数学模型 $d_e = f(T, p, t)$。

(3) 阐明了纳米粒子微观扩散诱导的轧后带钢耐蚀性强化机制

纳米粒子扩散诱导的微观结构演变提升了带钢表面的耐蚀性,明确了轧后带钢表面生成的 Al_2O_3 和 $FeMo_4S_6$ 相通过对腐蚀粒子的吸附作用和屏蔽作用阻止其与带钢基体的接触从而抑制腐蚀反应发生,为借助板带钢热轧润滑同步实现表面性能强化开辟了全新的研究思路。

1.3.2　技术关键点

① 纳米复合流体摩擦学性能与摩擦副转速、实验力、温度等实验参数的关联程度尚不明确,需要选择合适的统计建模方法构建定量数学模型,并保证其具有足够高的可信度和最小的偏差,这是本研究的关键点和难点之一。

② 纳米复合粒子与摩擦表面的相互作用极其复杂,传统的实验表征方法难以从根本上明确其减摩机理及表面效应机制,因此结合量子化学计算和分子动力学模拟,从原子尺度出发研究粒子与金属间的摩擦物理化学过程,是本研究的另一个关键点。

③ 分子动力学模拟过程中,纳米粒子与金属表面作用体系模型的建立、力场的选择、系综及其他模拟条件的确定是研究的关键,且分子动力学计算结果的准确度和合理性会受到预设模拟参数的影响,这给研究带来一定困难。

1.4 研究所用材料及设备

1.4.1 研究所用材料

① 纳米粒子 MoS_2、Al_2O_3,名义粒径分别为 100 nm、30 nm。

② 纳米复合粒子的合成助剂和元素源,具体参数见表 1-1。

表 1-1 纳米复合粒子制备所需相关试剂及用途

名称	规格	主要用途
盐酸多巴胺	≥99.0%	合成复合材料的核心功能物质,在纳米粒子表面引入活性基团提供反应位点
Tris 缓冲液	1.6 g/L,pH 值为 8.5	辅助多巴胺实现其作用
$AlCl_3 \cdot 6H_2O$	≥97.0%	合成 Al_2O_3 纳米粒子的铝元素源
乙二醇	分析纯	有机还原剂
聚乙二醇 2000	≥98.0%	纳米复合粒子合成助剂
乙酸钠	≥99.0%	纳米复合粒子合成助剂

③ 分散剂、表面活性剂等添加剂:三乙醇胺、油酸、六偏磷酸钠、十二烷基苯磺酸钠、聚丙烯酸钠、水性硼酸酯等。

④ 试样钢板:热轧实验所用板带钢材质为 Q235B,初始规格为 100 mm×70 mm×30 mm,具体化学成分见表 1-2。

表 1-2 热轧板带钢的化学成分

元素	C	Si	Cr	Ni	Mn	S	P	Fe
含量/%	0.17	0.30	0.03	0.03	1.47	< 0.039	< 0.042	余量

注:含量为质量分数,如无特殊说明,以下同。

⑤ 其他试剂:无水乙醇、丙酮、硝酸、高氯酸、盐酸、氢氧化钠等。

1.4.2 相关配套实验仪器

① MS-10A 型四球摩擦磨损实验机,用于测试纳米复合流体的基础摩擦学性能。仪器的性能参数见表 1-3。

表 1-3　MS-10A 型四球摩擦磨损实验机相关性能参数

项目	实验力	温度	主轴转速	摩擦力范围
测试范围	49~9 800 N	室温至 200 ℃	50~3 000 r/min	0~534.9 N

② MM-W1A 型万能摩擦磨损实验机,用于钢-钢摩擦副的销-盘摩擦磨损实验,模拟轧制过程中轧辊与钢板间的摩擦磨损。相关性能参数见表 1-4。

表 1-4　MM-W1A 型摩擦磨损实验机相关性能参数

项目	轴向实验力	实验力精度	主轴转速	温度	摩擦力范围
测试范围	1~1 000 N	≤ ±2%	1~2 000 r/min	室温至 260 ℃	1~1 000 N

③ ϕ320 mm×200 mm 二辊热轧机,用于纳米流体润滑条件下的板带钢热轧实验研究。

④ ZEISS Gemini 500 型场发射扫描电子显微镜及能谱仪,用于摩擦磨损表面和热轧带钢表面的氧化层形貌、显微组织、扩散层形态观察以及元素分布分析。

⑤ JEM-2010 型高分辨透射电子显微镜,用于纳米复合粒子的形貌观察以及热轧带钢表面微观组织和纳米粒子扩散相的结构分析。

⑥ OYMPUS LEXT OLS4100 型三维激光共焦显微镜,用于磨损表面及电化学腐蚀表面三维形貌的观察分析和表面粗糙度的测量。

⑦ Beckman Coulter Delsa Nano Zeta 电位分析仪、JC2000C1 型接触角测量仪、ZS90 型纳米粒径分析仪、MCR92 型流变仪等,用于表征纳米流体的粒径分布、润湿性能、分散稳定性和流变性能等。

⑧ Rigaku Ultima Ⅳ 型 X 射线衍射仪、Krato AXIS Ultra 型 X 射线光电能谱仪、Tescan Mira 3 LMH 型电子背散射衍射电镜,用于纳米复合粒子、磨损实验表面以及热轧带钢表面的物相分布和化学成分分析。

⑨ Netzsch STA449C 型同步热分析仪,用于评价纳米复合粒子的热稳定性和钢板的氧化动力学实验。

⑩ VersaSTAT MC 电化学工作站,其参数见表1-5,通过测量开路电位、动电位极化曲线、电化学阻抗谱等评价轧后带钢的耐腐蚀性能。

表 1-5 VersaSTAT MC 电化学工作站的主要性能参数

测量参数	性能指标
极化范围	± 650 mA/± 10 V
电流范围	$2\sim20$ A
电流测试精度	$\pm 0.2\%$
测量频率范围	$10^{-6}\sim10^{6}$ Hz

⑪ 高压水热反应釜:纳米复合材料合成的反应容器。

⑫ Scientz-ⅡD 型超声波细胞粉碎机、磁力搅拌器、高速离心机等。

⑬ 相关软件:Materials Studio、MedeA-VASP、MedeA-LAMMPS 等,用于本研究中的量子化学计算和分子动力学模拟。

本章参考文献

[1] 孙建林.材料成形摩擦与润滑[M].2 版.北京:国防工业出版社,2021.

[2] WU P,CHEN X C,ZHANG C H,et al.Synergistic tribological behaviors of graphene oxide and nanodiamond as lubricating additives in water[J]. Tribology international,2019,132:177-184.

[3] MENG Y N,SUN J L,HE J Q,et al.Recycling prospect and sustainable lubrication mechanism of water-based MoS$_2$ nano-lubricant for steel cold rolling process[J].Journal of cleaner production,2020,277:123991.

[4] DAS A,PATEL S K,ARAKHA M,et al.Processing of hardened steel by MQL technique using nano cutting fluids [J]. Materials and manufacturing processes,2021,36(3):316-328.

[5] 彭锐涛,童佳威,赵林峰,等.水基 MWCNTs/MoS$_2$ 复合纳米流体的摩擦学性能研究[J].摩擦学学报,2021,41(5):690-699.

[6] XIONG S,ZHANG B S,LUO S,et al.Preparation,characterization,and tribological properties of silica-nanoparticle-reinforced B-N-co-doped reduced graphene oxide as a multifunctional additive for enhanced lubrication[J].Friction,2021,9(2):239-249.

［7］ ESFE M H,ZABIHI F,ROSTAMIAN H,et al.Experimental investiga-
tion and model development of the non-Newtonian behavior of CuO-
MWCNT-10w40 hybrid nano-lubricant for lubrication purposes［J］.Jour-
nal of molecular liquids,2018,249:677-687.

［8］ BAO Y Y,SUN J L,KONG L H.Effects of nano-SiO$_2$ as water-based
lubricant additive on surface qualities of strips after hot rolling［J］.
Tribology international,2017,114:257-263.

［9］ LIANG D,LING X N,XIONG S.Preparation,characterisation and lubrication
performances of Eu doped WO$_3$ nanoparticle reinforce Mn$_3$B$_7$O$_{13}$Cl as water-
based lubricant additive for laminated Cu-Fe composite sheet during hot
rolling［J］.Lubrication science,2021,33(3):142-152.

［10］ MESHRAM A P,PUNITH KUMAR M K,SRIVASTAVA C.En-
hancement in the corrosion resistance behaviour of amorphous Ni-P
coatings by incorporation of graphene［J］.Diamond and related materials,
2020,105:107795.

［11］ SUN J L,CAO W W,WANG N,et al.Progress of boron nitride nanosheets
used for heavy-duty anti-corrosive coatings［J］.Acta chimica sinica,
2020,78(11):1139.

［12］ CHOU C C,LEE S H.Tribological behavior of nanodiamond-dispersed
lubricants on carbon steels and aluminum alloy［J］.Wear,2010,269
(11/12):757-762.

［13］ EWEN J P,HEYES D M,DINI D.Advances in nonequilibrium molecular dy-
namics simulations of lubricants and additives［J］.Friction,2018,6(4):
349-386.

第2章 纳米流体摩擦学及分子动力学模拟的研究前沿

2.1 纳米流体在板带钢热轧润滑的应用

热轧作为一种重要的金属成形加工工艺,在机械工程、海洋工程、交通运输等诸多领域有着不可取代的地位,且这些领域对板带钢产品综合性能要求日益提高,轧制工艺润滑技术也因此面临着新的挑战。随着纳米技术与摩擦学润滑领域的结合,具有优良抗磨减摩性能以及传热冷却性能的纳米流体越来越多地应用于热轧、冷轧、切削加工等传统金属加工领域。作为金属加工领域的前沿内容,将纳米流体应用于板带钢热轧工艺润滑的研究仍存在诸多关键科学问题亟待探索,也因此具有重要的理论研究意义和应用前景。通常情况下,结合适当的手段将粒径为纳米尺度(1～100 nm)的金属或非金属粒子,均匀稳定地分散到水、醇、油等传统介质中即可得到性能优异的纳米流体。纳米流体这一概念是由美国阿贡国家实验室(Argonne National Laboratory, ANL)[1]首次提出的,纳米流体的理化性质与其中粒子的种类、尺寸、形态、体积分数以及所用分散剂种类、分散稳定性等因素紧密关联。由于纳米粒子具有独特的表面效应、小尺寸效应、量子尺寸效应以及宏观量子隧道效应,所以纳米流体具有诸多优点[2-4]:

① 纳米粒子具有更小的粒径和质量,因此其在流体中受到的布朗作用力较强,纳米粒子的布朗运动能力较高,从而有效削弱了纳米颗粒在重力作用下的沉降速度,使纳米粒子在流体中具有优异的稳定性。

② 得益于纳米粒子极高的比表面积,流体与纳米粒子之间有更大的传热传质面积,因此能显著强化纳米流体的比热容和热导率等关键理化性质。

③ 小体积的纳米粒子在流体中能保持良好的流动性,从而降低流体堵塞

流道的可能性。纳米流体作为润滑介质也能显著降低相关设备器件及金属成形加工过程中的摩擦磨损。

2.1.1 板带钢热轧工艺润滑发展趋势

金属材料轧制加工工艺出现较早,但钢铁材料的轧制工艺润滑技术直到20世纪才出现并快速发展,其相关发展历程如图2-1所示。板带钢轧制过程的摩擦磨损能够通过采用适当的工艺润滑得到有效降低和控制,进而达到以下目的[5]:降低轧制过程的轧制力,提高轧机的轧制能力;提高轧辊的使用寿命和生产效率;促进轧制金属板带的均匀变形,改善轧后产品的板型、尺寸精度、表面质量;显著抑制热轧过程中板带钢表面氧化铁皮的生成,抑制氧化铁皮压入金属基体;热轧工艺润滑也能一定程度上改善和控制金属材料的晶粒尺寸、织构等,提升材料的综合性能。

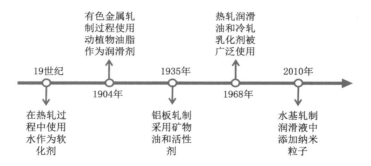

图 2-1 轧制工艺润滑发展过程

纳米粒子作为添加剂加入传统润滑油改善摩擦学性能可以追溯至20世纪80年代,延续至今依旧是摩擦润滑领域的热点问题。早在1983年,Hisakado等[6]就将MoS_2、石墨等固体润滑剂加入油中,并通过销-盘实验研究了其摩擦学性能,证实了固体添加剂对润滑油抗磨减摩性能的改善作用。Talib等[7]将纳米六方氮化硼粒子添加到麻风果油中作为切削加工液,大幅度降低了金属切削过程中的切削力和温度,显著提高了刀具的寿命和工件表面质量。然而,由于油基纳米流体通常具有较高的黏度,在实际使用过程中存在着污染环境、基础油容易变质腐败、后续废油及油泥难处理等一系列问题,因此,采用水基纳米流体作为润滑剂,越来越多地受到相关学者的关注。水基纳米流体相比于传统轧制油,具有卓越的冷却性能、清洁性、经济性和安全性,并且纳米粒子的高化学活性、扩散性以及高硬度等特性能弥补水基润滑剂成膜和极压性能差的问题[8-10]。同时,纳米粒子独特的自修复性能[11],也是其他类型的润滑添加剂所不具备的。

近年来,含有不同种类的纳米润滑粒子的纳米流体,越来越多地应用于金属材料的轧制润滑过程中。具备良好润滑性能的纳米粒子可以分为以下几类:金属单质、碳基纳米材料、非金属化合物、金属硫化物、金属氧化物、量子点、纳米复合材料等,具体见表 2-1。Reeves 等[12]研究了粒径在 70 nm～5 μm 的 4 种不同尺寸的六方氮化硼粒子在流体中的润滑效果,结果表明纳米尺度即 70 nm 的粒子具有最佳的摩擦学性能和最低的摩擦系数、磨损量、磨后表面粗糙度。Wu 等[13]利用聚乙烯亚胺和丙三醇作为分散剂,制备了不同浓度的水基 TiO_2 纳米流体,并对其摩擦学性能和热轧润滑性能进行了系统研究,结果表明纳米 TiO_2 粒子的加入能明显提高热轧板带钢的表面质量,降低轧制力以及终轧厚度,同时提出纳米粒子能够沉积在钢板表面形成一层保护膜,加强了抗磨减摩效果。Bao 等[14]考察了含有 SiO_2 纳米粒子的水基润滑剂在板带钢热轧中的作用。研究结果表明,归功于球形 SiO_2 纳米粒子"微滚珠"效应、自修复和抛光机制的多重作用,纳米润滑剂在减小摩擦系数和提高轧后带钢表面质量的同时还使氧化层厚度降低,并在一定程度上使晶粒细化。

表 2-1　常见的具有润滑性能的纳米粒子

类型	纳米粒子
金属单质	Cu、Fe、Ag、Sn、Ni、Ti、Bi、Co
金属氧化物	Al_2O_3、TiO_2、CuO、ZnO、Fe_3O_4
碳基纳米材料	石墨烯、氧化石墨烯、金刚石、碳纳米管
非金属化合物	SiO_2、BN、SiC、Si_3N_4
金属硫化物	CuS、WS_2、MoS_2、FeS
量子点	碳量子点、ZnS 量子点、CdSe 量子点
混合/复合纳米材料	BN-Fe_3O_4、graphene oxide-TiO_2、Al_2O_3-TiO_2、MoS_2-graphene oxide
其他纳米材料	$CaCO_3$、沸石、$ZnAl_2O_4$、聚四氟乙烯

2.1.2　纳米复合流体的制备

纳米复合材料通常包含两种或者两种以上的固相,按照基体以及分散相的尺度大小关系,具体可分为纳米-纳米复合材料、微米-纳米复合材料等[15],其中,复合的不同固相至少有一维为纳米级尺度。纳米复合材料涉及的范围较为广泛,在当前的纳米材料科学和摩擦润滑应用领域具有极其重要的地位和发展前景。采用适当的方法将纳米复合材料分散在基础流体中,即可得到相应的纳米复合流体。相比单独使用一种纳米粒子或单纯地将两种材料混合得到的纳米流体,纳米复合流体主要具有两大优势:

① 更佳的分散稳定性。纳米片层材料通常具有较大的表面积和稳定的化学性能,将其作为纳米复合粒子的基体材料,能够有效地阻止具有高表面能的球形或类球形纳米粒子由于静电引力和范德瓦耳斯作用而产生的团聚。与此同时,颗粒状的纳米粒子又能协助片层材料的剥离,减少纳米片层基体的贴合等引发的团聚[16]也可能使片层材料出现褶皱、折叠,进一步增大纳米粒子间的距离,从而有效提高材料在流体中的稳定性。

② 优良的综合性能。不同的纳米材料有着各自独特的物理化学结构及性能,在电导率、热导率、密度、硬度、化学稳定性等理化性质上千差万别。不同的纳米粒子复合形成的杂化材料,在兼具各组分优异性能的同时,也可能出现单一组分本身所不具备的新性能[17]。以润滑性能为例,通常情况下球状或颗粒状的纳米粒子可以在摩擦副之间通过"微滚珠"效应等机制实现抗磨减摩效果;同时,层状纳米材料的片层间结合力较弱,易发生相对滑动[18],能够通过在较高正压力下的层间滑动实现润滑作用。

因此,兼具上述优异性能和分散稳定性的纳米复合材料,可能会具有更为突出的摩擦学性能,具有很高的发展和应用潜力。但如何有效地制备稳定的纳米复合材料,并使其具有理想的润滑性能,仍是目前纳米材料应用和摩擦润滑领域研究的重点和难点。制备纳米复合流体均是基于复合粉体材料,国内外学者也对纳米复合粉体的制备方法进行了大量的研究和验证工作。其中,高能机械球磨法、激光液相烧蚀法和溶剂热法应用较为广泛。

（1）高能机械球磨法

高能机械球磨法是利用机械能对粉体材料进行细化加工,使大晶粒变为小尺寸的纳米晶。或者通过湿相反应使不同相颗粒相互结合,进而形成金属间化合物、金属-氧化物等纳米复合材料。粉末材料在机械球磨过程中的塑性变形会引起加工硬化,使纳米粒子晶体内部的位错增殖,位错密度不断增大,进而形成亚晶。随着球磨的进行,亚晶逐渐变为大角度的晶界,最终实现晶粒细化[19]。颗粒中的大角度晶界重新组合,颗粒尺寸下降 $10^3 \sim 10^5$ 个数量级,进入纳米材料的尺度范围。机械球磨制备成本低、设备简单、生产周期短,但在制备过程中易混入杂质造成污染,且制备得到的复合粉体通常具有较高的内应力,使颗粒发生不理想变形甚至晶型转变[20]。

(2)激光液相烧蚀法

将纳米粉体材料置于水或其他溶剂中,利用脉冲激光烧蚀提供足够的能量,使粉体材料表面快速熔化或气化,进而生成纳米尺度的金属、非金属粒子或团簇相互聚集得到纳米复合结构。这些复合粉体悬浮并分散于溶液中,形成纳米复合流体。Luo 等[21]将 MoS_2 加入氧化石墨烯(GO)水基分散液中,在连续不断的搅拌过程中通过脉冲激光照射处理,成功合成了还原氧化石墨烯-二硫化钼($rGO\text{-}MoS_2$)纳米复合流体,如图 2-2 所示。李双浩等[22]利用激光液相烧蚀法制备了内核尺寸 20~40 nm、外壳厚度约 3 nm 的金核银壳纳米复合结构。激光液相烧蚀法制备的纳米复合粉体具有产物纯度高、可控性强、制备迅速等优势,并且脉冲激光处理时间要求较短,不会因此伴生显著的热效应,因而可以降低纳米粒子合成所需时间,从而减少粒子的聚集和沉积。但激光热源较为昂贵,能源利用率低,纳米粉末材料产量也较低。

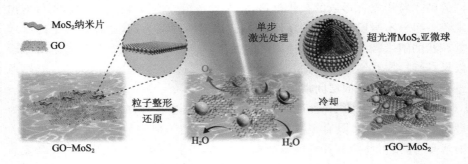

图 2-2 激光烧蚀制备 rGO/MoS_2 复合结构的反应机理示意图[21]

(3)溶剂热法

在一定温度(90~1 000 ℃)和压强(1~100 MPa)的密闭条件下(如反应釜中),利用过饱和溶液中的物质化学反应合成材料的方法,即为溶剂热法。在高温高压条件下,水或其他溶剂处于临界或超临界状态,此时反应活性显著提高。各物质的理化特性和化学反应活性均明显改变,因此在溶剂热反应条件下,化学反应与常态有极大差异[23]。该方法由李亚栋院士课题组于 2005 年首次提出[24],在 200 ℃条件下,以 $FeCl_3$ 为铁源,合成了单分散 Fe_3O_4 纳米粒子。近年来,随着国内外相关研究的深入,溶剂热法已经广泛和成熟地应用于纳米复合粉体材料的合成和制备。Du 等[25]通过溶剂热法,以钛酸四丁酯作为钛源,成功合成出了 GO-TiO₂ 纳米复合材料,如图 2-3 所示。钛酸四丁酯在乙醇-醋酸溶液中首先水解生成了 $Ti(OH)_4$ 络合物,随后在封闭的高温高压下,凝结在氧化石墨烯片层上形成了平均粒径 50 nm 的 TiO₂ 纳米粒子,得到了稳定的 GO-TiO₂ 复合材料。对 GO、TiO₂、GO+TiO₂ 混合以及复合GO-TiO₂ 共 4 种纳米流体的稳定性和冷轧润滑性能进行测试和表征,结果表明 GO-TiO₂ 复合流体相比其他组分具有最高的分散稳定性,静置 30 天未出现明显沉淀,同时纳米复合材料良好的分散性和亲水性使其润滑性能也达到了最佳。Zhang 等[26]以盐酸多巴胺的贻贝激发化学原理为基础,分别以醋酸钠和乙二醇溶液为表面活性剂和还原剂,以 $FeCl_3 \cdot 6H_2O$ 为铁源,制备得到六方氮化硼(h-BN)负载 Fe₃O₄ 粒子的纳米复合材料。分析表明,多巴胺分子中的邻苯二酚基团对 Fe^{2+} 和 Fe^{3+} 具有很强的络合作用,同时多巴胺与 h-BN强烈的吸附作用保证了 Fe_3O_4 颗粒的稳定沉积。

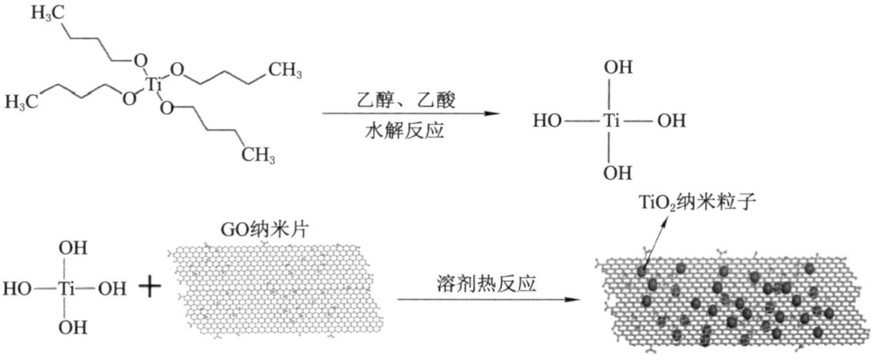

图 2-3 GO-TiO₂ 纳米复合材料制备过程示意图[25]

相比其他方法,利用溶剂热法制备的纳米复合粉末材料结晶度很高,晶粒生长相对比较完整[27]。产物的粒径较小且分布均匀,对设备和化学药品需求简单,是目前纳米润滑领域应用较为广泛的制备方法,也是本研究重点采用的制备纳米复合粉体材料的方法。

纳米流体制备过程并不是将纳米粒子混合到基体流体中的简单过程,纳米流体具有包括优异的润滑性能在内的诸多特性,但实现理想功能的前提是纳米粒子在流体中的均匀稳定分散。纳米粒子具有很高的表面能,外加粒子间范德瓦耳斯力的作用,粒子很容易发生团聚,粒径变大并沉积,失去其在纳米尺度的特殊性质。分散稳定性差的纳米流体的抗磨减摩能力会明显减弱甚至完全丧失[28],因此如何使纳米粒子在流体中长时间均匀稳定分散仍是亟待解决的问题。

2.1.3 纳米粒子与摩擦界面的交互作用

近年来,相关学者对纳米流体润滑过程中纳米粒子的润滑机理进行了推测和研究,提出了诸多润滑模型,可以总结为"微滚珠"效应、自修复效应、抛光机制以及保护膜效应[29]。"微滚珠"效应是指纳米粒子在摩擦副间滚动起到"微滚珠"效果,将滑动摩擦转化为滚动摩擦,减小摩擦系数;自修复效应是指粒子能够填充在摩擦副表面的凹坑、划痕处,同时降低了表面的粗糙度,起到润滑作用;较硬的纳米粒子可以磨平摩擦副表面的凸起等,起到类似于"抛光"的作用,这就是抛光机制;而保护膜效应是纳米粒子可以铺展在摩擦副表面形成保护膜,阻止摩擦副的直接接触。上述的几种润滑机理的前三种在作用机理上比较简单,大部分是纳米粒子与磨损表面单纯的物理作用。而保护膜效应比较复杂,涉及纳米粒子与表面在物理或化学层面的交互作用,为纳米粒子在基体材料中的扩散提供一定的基础,因此也是本书重点研究的内容。

纳米粒子的比表面积很大,表面能也因此很大。因此,纳米流体中的纳米粒子在摩擦过程中极易沉积和吸附到磨损表面上,甚至与基体材料发生化学反应,形成氢键或化学键,形成具有一定厚度和强度的反应吸附膜,起到保护和隔离摩擦副表面的作用,同时也具有一定的修复作用。周壮[30]以羧基化处理的碳纳米管作为润滑材料制备了纳米流体,并通过金刚石-钛合金摩擦实验研究了其润滑机理。结果表明,纳米流体与金刚石表面形成了物理吸附膜,即通过范德瓦耳斯作用使碳纳米管吸附在了表面,而由于钛合金表面活性高,碳纳米管上的羧基与钛合金发生了化学反应,新的 Ti-O-C 化学键形成,进而生成了金属皂化学膜。两种低剪切强度的润滑膜均起到了减摩作用,降低了表面相对滑动时的阻力,减小了摩擦系数。Guo 等[31]制备了 SiO_2 纳米流体,通过球-盘实验研究了其摩擦学性能,通过 EDS、XPS 以及 SR-TEM 分析,发现在钢盘摩擦表面形成了由 SiO_2 以及粒子表面静电双电层中的聚乙烯磺酸盐(NPES)和二甲基十八烷基氯化铵(DC5700)共同形成的边界摩擦润滑膜,如图 2-4 所示。Hu 等[32]利用四球摩擦磨损实验研究了层状纳米 MoS_2 的摩擦学性能。磨痕区域的 XPS 分析结果表明,一定量的 MoS_2 沉积在了磨损表面,同时还形成了由 MoO_3 和 $FeSO_4$ 组成的摩擦反应膜。这说明在摩擦过程的压力和热量作用下,具有高表面能的纳米态 MoS_2 与铁基体发生了化学反应,出现了成断键过程,进而形成了新的化合物。

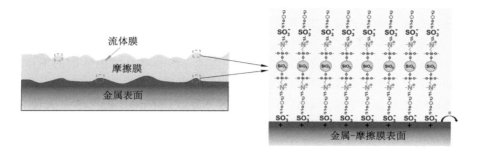

图 2-4　SiO_2 纳米流体边界润滑膜抗磨减摩机理图[31]

　　上述研究均表明,纳米粒子在润滑过程中可以被吸附沉积到金属表面,甚至与基体发生化学反应形成新的化合物,这为纳米粒子在热轧润滑过程中在金属表面的扩散甚至表面原位合金化提供了基础。但对于纳米粒子扩散的反应条件、扩散形式、吸附位点、成键方式等国内外相关研究很少,具有较高的研究价值和应用前景。

2.2　纳米粒子对板带钢高温氧化行为的影响

　　金属材料是工程材料家族中最为重要的一员,长期以来在各个领域都得到了广泛的应用,尤其在包括航空航天、精密机械等诸多行业占据主导地位。金属材料种类众多,从用量较大的钢铁材料到形态、性能各异的有色金属,其显微组织变化极其丰富,这导致了金属材料性能也具有丰富的多样性,从而应用于不同的服役条件[33]。近年来,汽车制造、精密机械等关键领域用钢在热轧过程及后续淬火、退火等热处理工艺中的氧化损耗以及合金元素烧损引发的性能失效问题愈发凸显。高温金属表面生成的氧化层会造成表面质量缺陷,降低材料利用率[34],还会使金属的屈服强度、疲劳韧性和表面耐磨性等显著降低,对加工产品的质量、使用性能及服役寿命带来诸多不利影响,进而引起服役失效[35]。因此,需要材料失效与防护相关理论及技术作为支撑,以提升关键领域用钢的使用寿命和可靠率,降低材料和能源损耗。以往传统的金属防氧化手段主要借助涂层的物理保护机制,阻止高温条件下金属表面与环境气氛的接触[36-37],进而抑制界面金属原子和氧原子向外和向内扩散实现防氧化作用[38]。纳米材料的出现为解决金属高温氧化问题提供了新思路。将纳米粒子加入热轧润滑剂中,在高温条件下利用纳米粒子优异的成膜性、扩散性和穿透阻隔性[39-40],铺展在高温金属表面实现防氧化作用,从而成为解决金属在热轧过程中高温氧化问题的新途径。

通常情况下,人们重点关注的是某一特定工况对材料强韧性的具体要求,然而在实际应用中,材料的表面性能往往会成为影响材料使用性能的不可忽视的因素。由于表面是材料与外界环境发生最直接接触的部位[41],因此材料的表面性能在材料失效及破坏方面起着极其重要的作用。根据这一关键点,对金属材料进行表面改性处理,提高材料表面的综合性能,对于推动金属加工领域的高质量发展具有重要意义。以金属材料基体为溶剂,以具有强化效应的合金化元素为溶质,可以在表面得到一层分布均匀的具有良好综合性能的合金层,从而实现表面合金化[42],可以显著改善金属材料表面耐磨耐蚀性能、疲劳寿命并延长机件的服役周期。纳米粒子在高温高压环境下,其中的合金元素具有在金属表面扩散的倾向,为实现表面性能强化提供了可能。

2.2.1 板带钢高温氧化理论

板带钢在热轧及热处理过程中的高温氧化本质上是环境气氛中氧离子和带钢中的金属阳离子相互扩散导致的。带钢中的金属元素在高温环境中与氧化气氛迅速反应形成初始氧化层,随后金属阳离子和阳离子继续扩散促进了氧化层的生成和演变,出现由内到外分别为 FeO、Fe_3O_4 和 Fe_2O_3 的层状分布现象,如图 2-5 所示。

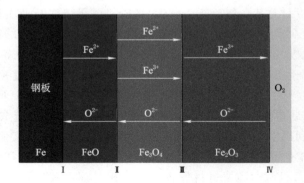

图 2-5 板带钢高温氧化过程中的离子扩散示意图

在 Fe-FeO 的界面处(Ⅰ),Fe 原子电离为亚铁离子:

$$Fe = Fe^{2+} + 2e^-$$

(2-1)

这些新生成的 Fe^{2+} 和 e^- 继续向外迁移穿过各层氧化层,同时其他氧化层中的 Fe^{2+} 和 Fe^{3+} 也向外迁移。

在 Fe_2O_3 和空气的界面处(Ⅳ),O_2 分子电离为氧离子:

$$O_2 + 4e^- \rule[0.5ex]{2em}{0.4pt} 2O^{2-} \tag{2-2}$$

随后 O^{2-} 会向内迁移,与其他成分发生化学反应。氧化过程中发生的其他反应都能分为相反的两部分[43]:一方面是低价 Fe^{2+} 向外迁移还原高价氧化物,即 Fe_3O_4 和 Fe_2O_3 中的 Fe^{3+};另一方面是 O^{2-} 向内迁移将低价物质即 Fe 单质及 Fe_3O_4、FeO 中的 Fe^{2+} 氧化为高价。因此,在 $FeO\text{-}Fe_3O_4$ 界面处(Ⅱ)发生以下两个相反的反应:

$$Fe^{2+} + Fe_3O_4 + 2e^- \rule[0.5ex]{2em}{0.4pt} 4FeO \tag{2-3}$$

$$3FeO + O^{2-} \rule[0.5ex]{2em}{0.4pt} Fe_3O_4 + 2e^- \tag{2-4}$$

在 $Fe_3O_4\text{-}Fe_2O_3$ 界面处(Ⅲ)也具有相似的情形:

$$Fe^{n+} + 4Fe_2O_3 + ne^- \rule[0.5ex]{2em}{0.4pt} 3Fe_3O_4 \tag{2-5}$$

$$2Fe_3O_4 + O^{2-} \rule[0.5ex]{2em}{0.4pt} 3Fe_2O_3 + 2e^- \tag{2-6}$$

式中,n 的值为 2 或 3,分别对应 Fe^{2+} 或 Fe^{3+}。

最后,在界面Ⅳ处 Fe^{3+} 直接与 O_2 反应:

$$4Fe^{3+} + 3O_2 + 12e^- \rule[0.5ex]{2em}{0.4pt} 2Fe_2O_3 \tag{2-7}$$

因此,当上述化学反应中以 O^{2-} 的扩散为主时,板带钢氧化反应以向内方向进行。此时,反应过程中表面氧化铁皮的厚度基本保持不变,在 O_2 的持续作用下,内侧低价铁氧化物逐渐转变为高价氧化物。非合金钢由于合金元素的含量较低,因此合金元素的反应可以忽略不计,可认为仅有铁元素参与到化学反应中。在高温条件下,氧化层中铁离子的扩散系数一般远远高于氧离子的扩散系数,因此非合金钢的高温氧化过程大多处于向外氧化状态,此时氧化层的厚度随着氧化时间的增加而持续升高[44]。

2.2.2　纳米粒子在金属表面的扩散规律

对于固体材料,原子只通过扩散的形式进行物质传输,金属材料的相变、粉末金属及无机非金属材料的烧结、合金体系的均匀化等过程都与原子的扩散息息相关[45]。扩散的本质是微观粒子在扩散驱动力的作用下发生的宏观定向迁移,扩散驱动力包括浓度梯度、应力场作用、温度梯度、电场磁场梯度效应及表面自由能差等。在驱动力作用下,当大量处于无规则跃迁状态的原子沿一定方向发生集体运动时,即导致原子的扩散。金属材料表面原子的扩散通常包括两部分:垂直于表面(即向内部)的扩散和平行于表面的扩散。借助原子平行于表面的扩散能够得到均质理想的表面强化层;原子向内部扩散可以获取有一定结合力的表面强化层。在热轧加工过程的高温高压环境下,固体纳米粒子与高温带钢表面间势必也存在原子相互扩散或扩散趋势。

晶体中普遍存在的热起伏能够导致原子或离子剧烈的热振动,这些粒子脱离正常晶格点阵会进入相邻间隙位置或者固态表面。与此同时,这些迁移后的原子或离子能够从热起伏过程中重新获取能量,不断地改变位置,从而在晶体中由一处向另一处无规则迁移运动[46]。引发金属材料物质输送的基本过程是原子或离子从一个平衡位置到相邻另一个平衡位置的转移,涉及空位机制、交换机制、间隙机制、晶界扩散及表面扩散。金属表面的原子受热后会加速围绕它们的平衡位置发生振动,随着温度升高,原子被激发和振动的幅度增大,当原子的能量超过其跃迁的能垒就会发生脱离原平衡位置的运动。表征原子扩散行为的一个重要物理量为扩散系数,该参数由扩散方式、扩散介质和外部条件等因素决定。因此,扩散系数可作为金属材料的关键物性指标。

大量原子的无数次随机跳动过程累积即导致物质的宏观扩散。假设原子在空间中的跳动是随机的,且向各个方向每次跳动的距离都相同,则扩散系数 D 可表示为[47]:

$$D = \frac{1}{6}d^2\Gamma \tag{2-8}$$

式中　d——原子一次跳动的距离;

　　　Γ——原子迁移频率。

对于典型的金属晶体,原子均倾向于密堆排列,因此 d 的差别不大。Γ 与相邻原子的位置数、邻近位置接纳扩散原子的概率等因素有关,可表示为:

$$\Gamma = ZP\omega \tag{2-9}$$

式中　Z——邻近扩散原子位置数;

　　　P——邻近位置吸收扩散原子的概率;

　　　ω——扩散原子跳离平衡位置的频率。

由于式(2-9)中的 ω、P 对温度非常敏感,因此 Γ 对温度也是敏感的,所以扩散系数 D 与温度有很紧密的关系。原子发生扩散需要越过的能垒的能量为扩散激活能。

对于间隙型扩散,溶质原子一般是从一个间隙位置跳跃到其近邻的另一个间隙位置,这个过程需要经历使点阵中的溶剂原子"挤开"的过程,如图 2-6 所示,间隙扩散原子通过这个间隙的中间位置所需克服的能垒 ΔG_m 为迁移激活能。一个间隙原子能够获得这种跳动的机会取决于 ΔG_m 与原子的平均能

量 kT 的比值,故 ω 为:

$$\omega = \upsilon \exp\left(-\frac{\Delta G_{\mathrm{m}}}{kT}\right) \tag{2-10}$$

式中　υ——德拜频率,即原子振动频率。

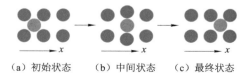

（a）初始状态　　（b）中间状态　　（c）最终状态

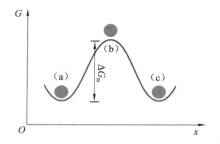

图 2-6　原子从一个平衡位置跳跃到另一个平衡位置的过程及克服的能垒示意图

间隙固溶体的饱和浓度很低,可以近似认为间隙原子周围的间隙都可以让扩散原子进入,此时 $P \approx 1$。将式(2-9)和式(2-10)代入式(2-8),得到:

$$D = \frac{1}{6}d^2 Z\upsilon \exp\left(-\frac{\Delta G_{\mathrm{m}}}{kT}\right) \tag{2-11}$$

其中,迁移激活自由能写成 $\Delta G_{\mathrm{m}} = \Delta H_{\mathrm{m}} - T\Delta S_{\mathrm{m}}$,则式(2-11)变为:

$$D = \frac{1}{6}d^2 Z\upsilon \exp\left(\frac{\Delta S_{\mathrm{m}}}{k}\right) \exp\left(-\frac{\Delta H_{\mathrm{m}}}{kT}\right) \tag{2-12}$$

式中　ΔH_{m}——迁移激活焓;

　　　ΔS_{m}——迁移激活熵。

对于置换固溶体中的空位扩散机制,原子扩散除了需要克服能垒 ΔG_{m},还需要克服空位形成能 ΔG_{f},而 $\Delta G_{\mathrm{f}} = \Delta H_{\mathrm{f}} - T\Delta S_{\mathrm{f}}$,此时扩散系数的表达式为:

$$D = \frac{1}{6}d^2 Z\upsilon \exp\left(\frac{\Delta S_{\mathrm{m}} + \Delta S_{\mathrm{f}}}{k}\right) \exp\left(-\frac{\Delta H_{\mathrm{m}} + \Delta H_{\mathrm{f}}}{kT}\right) \tag{2-13}$$

式中　Z——邻近扩散原子位置数;

　　　ΔH_{f}——空位形成焓;

ΔS_{f}——空位形成熵。

大量研究证明了扩散系数和温度之间存在一定的指数关系,综合式(2-12)和式(2-13),扩散系数的经验公式为:

$$D = D_0 \exp\left(-\frac{Q}{kT}\right) \tag{2-14}$$

式中　D_0——频率因子,为不随温度变化的常数;

　　　Q——扩散激活能。

一般认为,式(2-14)中 Q 和 D_0 的值不受温度的影响,仅由材料种类和扩散机制决定。原子的扩散方式不同,所需克服的能垒(即扩散激活能)也不同。对于间隙扩散机制,Q 即为扩(迁)移激活焓 ΔH_m;对于空位扩散机制,Q 为扩(迁)移激活焓 ΔH_m 与空位形成焓 ΔH_f 的总和。此外,原子沿晶界、位错等发生扩散也需要不同扩散激活能。

2.2.3　金属高温氧化防护

为了减少金属材料的高温损失,相关学者在金属氧化防护领域做了大量研究和探索。最常用的防氧化涂层手段主要是借助涂层的保护屏蔽机制,阻止高温条件下金属表面与环境气氛的直接接触[48]。传统涂层的作用机理主要包括熔膜屏蔽作用机理、反应保护机理、氧化还原作用机理和无机层状阻隔作用机理,如图 2-7 所示。

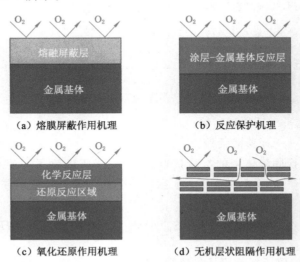

图 2-7　防氧化涂层的作用机理

一般的,选用金属氧化物、微晶玻璃、陶瓷材料以及其他耐高温材料的混合物作为防氧化涂层的基体材料,能实现在不影响金属基体本身性质和表面性能的情况下提高耐高温性能,如 SiO_2、α-Al_2O_3、B_2O_3 和 MgO 等[49-50]。李雅琪等[51]以 SiO_2、α-Al_2O_3 和 Na_2O 为主要原料制备了用于合金钢的防氧化涂层,研究发现高温下涂层成分形成致密的黏态玻璃膜将工件与氧化性气氛隔绝开,同时涂料中的有机物质在高温下的碳化过程补偿了部分氧化过程中伴随的碳原子损失。Anindita 等[52]制备了镍锌合金保护层用于硼钢热轧,有效解决了传统锌基涂层在高温过程中易生成微裂纹的问题,发现表面出现了富镍和贫锌区域,且促进了固相的形成,如图 2-8 所示。此外,某些含碳材料如石墨、WC、SiC 也被尝试应用于防氧化涂层,旨在借助其中碳元素的耗氧能力来替代金属基体本身的高温损耗[53-54]。

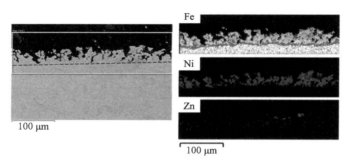

图 2-8　镍锌合金防氧化涂层保护下硼钢轧后表面区域的 SEM 及 EDS 面扫描结果[52]

作为具有优异性能的新型材料,纳米粒子在耐腐蚀涂层领域已得到了广泛的应用。Aliyu 等[55]研究了含石墨烯的纳米复合涂层对铝合金耐腐蚀性能的强化机理,结果证实石墨烯片层在提升涂层黏附强度的同时有效抑制了腐蚀介质向金属-涂层界面的扩散。Dordane 等[56]制备了含纳米硅灰石的复合耐腐蚀涂层并应用于不锈钢进行了 42 天的腐蚀实验,结果表明该涂层使不锈钢的腐蚀失重率从 74.86% 降低至 0.34%。Liu 等[57]利用环氧树脂涂层与石墨烯 π-π 键的相互作用,实现了石墨烯纳米粒子在水中的高浓度分散并将其与水性环氧涂层复合,在抑制阳极反应的同时通过石墨烯的屏蔽作用协同提高了高碳钢在 3.5%NaCl 溶液中的耐腐蚀性。纳米粒子应用于耐腐蚀涂层领域的研究表明,纳米粒子对于腐蚀介质粒子具有良好的穿透阻隔作用、阴极保护作用和综合力学性能[58-59]。同时,结合纳米粒子所拥有的优异成膜性和扩散性,其在金属防高温氧化领域也具备极高的研究价值和应用潜力。

虽然国内外相关学者对防氧化涂层及纳米粒子在防腐蚀涂层领域的应用已经做了大量研究，但纳米粒子在金属防氧化领域中尚无大规模应用。另外，对于纳米粒子对环境介质阻隔作用的作用机制，尤其是一些原子或分子尺度的微观机理和规律，往往基于传统实验手段结论的推测，目前还缺乏充分可靠的理论支撑。因此，借助纳米粒子在高温金属表面的向内扩散来补偿脱碳损失具有突出的研究意义，同时也亟待从微观尺度出发，结合实验及理论模拟方法深入分析纳米粒子的防氧化机理。

2.3　纳米流体的分子动力学模拟

随着计算材料科学的发展，运用分子动力学（Molecular Dynamics，MD）模拟来描述和评价一定压力和温度下原子、离子、分子等粒子在系统中的运动，成为相关领域的研究热点。分子动力学方法是依靠经典的牛顿力学定律，对电子和原子核构成的多体体系中微观粒子间的相互作用和运动过程进行模拟。随后在不同状态所形成的系统中提出样本，进行体系构型积分的计算，并把构型积分的结果作为基础进行下一步计算[60]，从而获取材料的结构、热力学性质、力学性能等一系列宏观性能。近年来，越来越多的学者利用 MD 模拟方法致力于探索两相合金体系所涉及的分子动力学研究。随着相关理论和技术的不断发展，可用于模拟金属体系的计算模型建立范围日益广泛。借助分子动力学方法可以通过求解体系中原子的运动方程来跟踪每个原子的运动，在原子尺度上模拟不同外界条件下材料中的每一个原子微观运动情况，从而研究原子的扩散方式及其微观机制，同时输出扩散过程中的相关物理量[61]，包括径向分布函数（RDF）、均方位移（MSD）、扩散系数（D）等。

2.3.1　分子动力学模拟基本原理

牛顿第二定律是分子动力学模拟的核心，模拟的出发点是假设微观粒子的运动可以用经典力学来处理。考虑含有 N 个分子或原子的运动系统，系统的总能量为系统中分子的动能和总势能的总和，其总势能为分子中各原子位置的函数 $U(r_1, r_2, r_3, \cdots, r_n)$。依照经典力学，系统中任一原子 i 所受的力 F_i 为势能的梯度：

$$F_i = -\nabla_i U = -\left(i\, \frac{\partial}{\partial x_i} + j\, \frac{\partial}{\partial x_i} + k\, \frac{\partial}{\partial x_i} \right) U \qquad (2\text{-}15)$$

根据原子受到的力，将牛顿运动定律对时间进行积分，即可预测 i 原子经

过时间 t 后的位置 r_i、速度 v_i 和加速度 a_i：

$$r_i = r_i^0 + v_i^0 t + \frac{1}{2} a_i t^2 \tag{2-16}$$

原子扩散过程的分子动力学原理流程如图 2-9 所示。由各原子在系统中的初始位置,结合设定的势能函数,计算得出各原子所受到的力,从而得出各原子的加速度,然后取一个极短的时间间隔并预测间隔后各原子的新位置和速度,继而可以再计算各原子在这个新位置下的势能,从而就可重新得出各原子所受到的力和加速度,然后再取一个时间间隔,数次重复上述工作,即可获得各原子随着模拟时间增加而不断变化的运动参数。原子在扩散过程中的运动主要有两种形式:接触界面原子的相互扩散以及原子沿界面向深度方向的扩散[62]。借助数值计算方法对积分方程组进行求解,即可获得扩散粒子在系统中运动的速度、位移等关键信息。随后平均统计一定时间跨度内的上述信息,即可得到所需的宏观物理量,如温度、压强、势能、应力、应变等,从而动态地研究系统的微观结构演变以及热力学状态等特征行为。

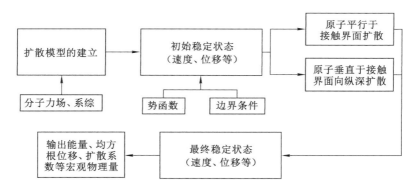

图 2-9　原子扩散过程的分子动力学原理流程图

2.3.2　分子间相互作用与势函数

当两个分子间相距无穷远时,分子间没有相互作用,作用力为零,如图 2-10 所示。当它们相互靠近时,分子间产生相互吸引作用,作用力为负值。随着两个分子的不断靠近,分子间相互吸引作用不断增大。当两个分子间的距离达到 $r = r_{\mathrm{m}}$ 时,吸引力的绝对值达到最大值。两个分子继续靠近,分子间的相互吸引力开始迅速减小。最后,在 $r = r_0$ 这个距离吸引力消失。这时,如果两个分子继续靠近,它们之间将相互排斥,作用力转化为正值。分子间的排斥力随分子间距离的减小而迅速增大。

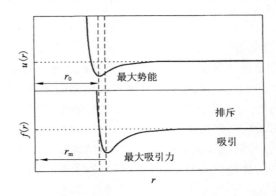

图 2-10 分子间相互作用的力函数 $f(r)$ 和势能函数 $u(r)$

换一个角度,也可以用分子间相互作用的势函数表示分子间的相互作用。分子 1 和 2 的势函数 $u(r)$ 与分子间相互作用的力函数 $f(r)$ 间的关系可以表示为[60]:

$$f_1(r_{12}) = -\nabla u(r_{12}) = -\frac{du(r_{12})}{dr_{12}}\frac{r_{12}}{r_{12}} = f(r)\frac{r_{12}}{r_{12}} \qquad (2\text{-}17)$$

$$f(r) = -\frac{du(r)}{dr} \qquad (2\text{-}18)$$

分子间的相互作用力函数 $f(r)$ 和势函数 $u(r)$ 一一对应,有关的特征参数密切相关。例如,分子间相互作用力为零的距离对应势函数最小的距离,分子间吸引力最大的位置对应于势函数梯度最大的位置。势函数决定了物质的性质,是物质世界多样性的根源。相对于小分子体系的势函数,大分子体系的势函数更加复杂多样。可以认为,正是复杂多样的分子间的相互作用势函数,决定了胶体、高分子、生物分子以及超分子体系等复杂多样的性质。如果把这些复杂分子体系的结构单元作为整体,研究它们之间的势函数,可以加深对这些复杂分子体系性质的认识。

实际分子间的势函数非常复杂,通过精确测量或理论计算才能确定。同时,势函数与物质性质之间的关系也非常复杂,难以根据势函数用理论方法计算分子体系的性质。只有具有最简单势函数的分子体系,才能用统计力学方法精确计算体系的性质。因此,人们设计了包括硬球势在内的多种具有最简单势函数的假想分子体系,以研究势函数与分子体系性质之间的关系。如果把 MD 模拟得到的具有硬球势的假想分子体系的性质与统计力学方法计算得到的相应的精确理论结果对比,可以验证 MD 模拟方法的可靠性,为改进 MD 模拟方法提供依据。事实上,MD 模拟得到的实际分子体系的性质,受分子模型可靠性和 MD 模拟方法可靠性的双重影响。只有通过可精确求解的简单模型分子体系,才能区分这两种不同的影响,验证 MD 模拟方法的可靠性。

原子间的作用势从根本上调控着模拟结果的准确度以及算法的复杂性,是分子动力学模拟中最关键的特性。实际上,所有的分子动力学模拟都是基于波恩-奥本海默近似的[63],即把原子核和电子的运动各自独立考虑。由于电子的质量极小,且相比原子核其运动速度极高,因此可以将原子核固定在瞬时位置来考虑电子的运动,或者等价地认为电子波函数绝热地遵从原子核运动。因此在处理原子核运动时,电子也被认为一直处在基态。对于原子核运动,可以依据各体系之间的相互作用对势能进行扩展。在实际的模拟过程中,一般采用经验势来替代原子间的相互作用势[60],如 Lennard-Jones 势、EAM 嵌入原子势、Stillinger-Wegar 势、Mores 势等。分子动力学方法发展至今,已经开发出很多适合各种体系的势函数,见表 2-2。

表 2-2　分子动力学模拟过程中的势函数

势函数	公式	特点
Lennard-Jones	$\Phi_{ij}(r_{ij}) = 4\varepsilon\left[\left(\dfrac{r_{ij}}{\sigma}\right)^{-m} - \left(\dfrac{r_{ij}}{\sigma}\right)^{-n}\right]$	应用范围广泛,可粗略计算
Morse	$\Phi_{ij}(r_{ij}) = D\left[e^{-2a(r_a-r0)} - 2e^{-a(r_a-r0)}\right]$	常用于金属原子的模拟
Bom-Mayer	$V(r) = A'\exp\{-\rho(r-r_0)/r_0\}$	用于金属离子间的排斥作用
EAM	$E_{tot} = \dfrac{1}{2}\sum\limits_{i=1}^{N}\sum\limits_{j\neq i}^{N}\Phi_{ij}(r_{ij}) + \sum\limits_{i=1}^{N}F_i(\rho_i)$	描述金属原子间的相互作用
Tersoff	$E = \dfrac{1}{2}\sum\limits_{1}^{i}E_i$	应用于双原子分子等小分子体系的多体势
ReaxFF	$E_{system} = E_{bond} + E_{over} + E_{under} + E_{val} +$ $E_{pen} + E_{tors} + E_{conj} + E_{vaWaals} + E_{coulomb}$	应用于包含化学反应动力学的系统

2.3.3　分子动力学模拟的系综与边界条件

2.3.3.1　分子动力学模拟的系综

系综是指在一定的宏观条件下,大量性质和结构完全相同的、处于各种运动状态的、各自独立的系统集合。系综由具有相同热力学性质的系统组成,每个系统的微观状态一般来讲是不同的,但是当每个系统处于平衡状态时,其平均值是确定的。在实际研究中材料往往处于一定的外部环境中,如恒温、恒压等,而经典牛顿力学并没有考虑这种环境的影响。因此,根据统计物理理论,需要给分子动力学模拟过程设定一个特定的系综。

常用的系综有微正则(NVE)系综、正则(NVT)系综、等温等压(NPT)系综和等压等熵(NPH)系综等,各系综的特征见表 2-3。

表 2-3　各系综的典型特征

系综类型	典型特征
NVE 系综	系统原子数 N、体积 V 和能量 E 不变
NVT 系综	系统原子数 N、体积 V 和温度 T 不变,且总动量为 0
NPT 系综	系统原子数 N、压力 p 和温度 T 不变,速度的恒定是通过调节体系的速度或施加约束力实现
NPH 系综	系统原子数 N、压力 p 和熵值 H 不变,模拟时实现 p 和 H 的固定有较大难度,该系综的使用率不高

2.3.3.2　边界条件

为了保证系统参数的稳定性,在分子动力学模拟中,需要设置边界条件,其分为周期性及非周期性两种。周期性边界如图 2-11 所示,一个矩形包围的区域内,一个个基本单元呈周期性地排列在所有方向上。每一个单元格中粒子的数量、粒子的运动速度、所处的位置被认为完全相同。某个单元中的粒子离开的同时,会有其他粒子补充,该单元格的相关物理量仍未改变,周期性因此得以维持。

2.3.4　摩擦润滑过程的分子动力学模拟

尽管对于纳米流体的摩擦学行为和润滑机理已有了大量的实验研究,但目前还缺乏原子和分子水平上的理论支持。在分子动力学模拟过程中,将润滑流体限制于金属表面之间并对整个体系施加压力和剪切作用,即可模拟或重现实际金属加工润滑过程。通过对模拟过程中流体分子的运动、温度和力等参数进行分析,可以得到摩擦力、法向压力、摩擦系数等物理量,进而评价和比较加工液的摩擦学性能。此外,还可以获取实验方法无法得到的润滑膜结构和密度、分子的取向分布等重要信息。同时,相关学者对纳米粒子润滑机理的研究和归纳几乎都是基于实验的推测,很难通过常规实验方法直接观察。

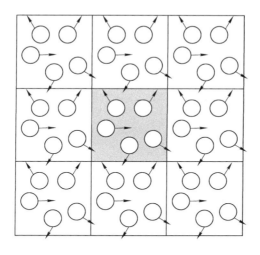

图 2-11　周期性边界示意图

这些机制的本质仍不确定，且缺乏在原子和分子尺度上的理论支持，存在着一些争议。例如，Chou 等[64]对金刚石纳米颗粒在润滑过程中是否真的通过滚珠轴承效应实现抗磨减摩作用提出了质疑。由于纳米粒子及润滑膜的尺度极其微观，上述这些问题难以通过传统实验方法解决，因此借助一定的模拟和计算方法是非常必要的。而分子动力学模拟恰好能够成为研究纳米流体的得力工具，可以为纳米尺度剪切作用下纳米流体的摩擦学行为提供独特的见解，从而弥补实验方法的不足。

　　Zhao 等[65]通过分子动力学研究了金刚石（CND）及石墨烯包覆改性后的金刚石（CNS）纳米粒子在金刚石薄膜（DLC）和无定形 SiO_2（α-SiO_2）间的摩擦学行为，如图 2-12 所示。结果表明，以 CNS 润滑时系统的摩擦系数降低了 72%并出现了超润滑现象（COF＜0.01），与前期实验研究结果一致。然而，CNS 在滑动表面间的滚动运动被抑制了，但这同时也减少了额外的能量损耗，从而降低了摩擦力和摩擦热，这一结果与纳米粒子在宏观尺度下的滚动运动完全相反。张丽秀等[66]研究了石墨烯作为正十六烷烃润滑油添加剂对 Si_3N_4-GCr15 摩擦副润滑性能的影响。通过分析润滑区域的剪切应力、范德瓦耳斯作用能以及类固润滑膜演变规律，发现加入石墨烯显著提高了摩擦副接触区的范德瓦耳斯能，提高了加工润滑剂在摩擦表面的吸附能力，进而增加了形成的润滑膜厚度。此外，模拟研究也证实了纳米粒子的滚动-滑动运动效应[67]、抛光效应[65]、剥离效应[68]等润滑机制。上述研究对于实际热轧润滑过程中纳米流体的润滑行为、抗磨减摩机理与金属表面的相互作用等研究有重要的理论借鉴意义。

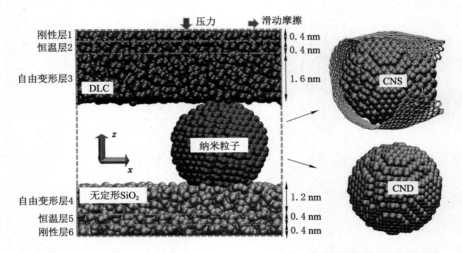

图 2-12　金刚石（CND）和石墨烯改性后的金刚石（CNS）在金刚石薄膜（DLC）和
无定形 SiO₂（α-SiO₂）表面间滑动摩擦的分子动力学模型[65]

2.3.5　原子的传输性质与扩散行为

由于分子的热运动和分子间相互作用的存在，不同的分子在不同的介质体系中也存在着不同的传输性质与扩散行为。采用均方位移对体系中各种分子的微观运动进行表征，随后进一步由爱因斯坦扩散方程可计算得到相应的自扩散系数。根据不同体系、温度和压力条件下的自扩散系数，可以分析和预测纳米流体的黏度、热导率等诸多性质，且模拟结果具有很高的准确度。Jabbari 等[69]采用分子动力学方法，计算了含不同体积分数碳纳米管（CNT）的水基纳米流体在不同温度下的黏度，如图 2-13 所示。结果表明，流体的黏度随 CNT 浓度的增加和温度的降低而升高，并由此建立了流体的动力黏度随碳纳米管的体积浓度和温度变化的经验公式。刘万强等[70]开展了正构醇类有机物热传导性质的分子动力学模拟，模拟结果与实验值的对比结果表明模拟得到的热导率与实验值的平均偏差仅为 3.77％，表明分子动力学用于预测热导率具有足够高的可靠性。进一步通过热流分解、分子结构以及分子间相互作用，得知分子的动能、势能项及分子内的二面角对醇类热传导起主要作用。Izadkhah 等[71]的分子动力学研究表明，体积分数分别为 3％、4％和 5％

的氧化石墨烯纳米片加入纳米流体中,能使其热导率提高 24%、28%和 33%,并对经典的纳米流体热导率的理论方程进行了修正,这有助于指导纳米流体在工业生产中的应用。

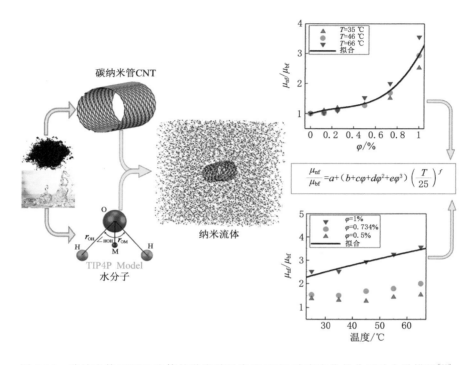

$$\frac{\mu_{nf}}{\mu_{bf}} = a + (b + c\varphi + d\varphi^2 + e\varphi^3)\left(\frac{T}{25}\right)^f$$

图 2-13　碳纳米管(CNT)流体的黏度随温度和 CNT 浓度变化的分子动力学模拟[69]

对于固体粒子的扩散过程如合金相的形成机理等,相关学者也借助分子动力学模拟进行了研究。张顺等[72]从微观层面模拟了保温温度、压力、保温时间、降温速率对 TC4 钛合金扩散连接过程的影响。结果表明,在扩散连接过程中,界面附近的 Ti 原子扩散较快,V 属于近 Ti 原子,扩散能力次之,Al原子扩散通量最低。Zhang 等[73]采用分子动力学模拟研究了 TiB₂ 中的硼缺陷对其力学性能的影响。研究发现,在中等温度(1 000 K)或较大变形下,硼原子易于在 TiB₂ 中扩散,而在 2 000 K 的高温下,当硼原子的间隙密度低于 2.5%时,TiB₂ 的机械强度会显著恶化。随着温度的升高和硼的间隙密度的增加,硼与金属层之间的相互作用减弱,从而降低了材料的机械强度。何天威[74]研究了 B 和 C 原子在不同晶型铁晶格中的扩散行为,B 原子在体心立方和面心立方的铁晶格中以及 C 原子在面心立方结构铁晶格中的迁移路径均为最近邻的八面体间隙位置之间的直线跳跃。而 C 原子在体心立方铁晶格中的最佳迁移方式为从一个八面体间隙位置,通过最邻近的四面体间隙位置过渡再迁移到近邻的另一个八面体间隙位置。通过对均方位移 MSD 拟合得到了扩散系数,并结合阿伦尼乌斯公式计算出 B、C 原子向铁晶格扩散的激活能分别为 0.59 eV 和 0.77 eV。

因此,将分子动力学模拟应用于纳米流体热轧润滑研究,能够提供与实验相互补充的微观水平的、原子扩散过程等详细信息,为深入探讨和预测纳米流体的润滑机理以及纳米粒子作用下高温带钢表面的复杂物理化学过程如纳米粒子的微观运动模式和原子向基体的渗透扩散创造了有利条件,是今后纳米流体润滑研究领域的重要发展方向。

本章参考文献

[1] CHOI S U S,EASTMAN J A.Enhancing thermal conductivity of fluids with nanoparticles[M].Washington DC:Department of Energy,1995.

[2] BAREWAR S D,KOTWANI A,CHOUGULE S S,et al.Investigating a novel Ag/ZnO based hybrid nanofluid for sustainable machining of inconel 718 under nanofluid based minimum quantity lubrication[J]. Journal of manufacturing processes,2021,66:313-324.

[3] 徐瑛,王为旺,黄云云,等.高导热纳米流体的制备与应用研究进展[J].功能材料,2019,50(5):5012-5017.

[4] ESFEA M H,BAHIRAEIB M,MIRC A.Application of conventional and hybrid nanofluids in different machining processes:a critical review[J]. Advances in colloid and interface science,2020,282:102199.

[5] 孙建林.轧制工艺润滑原理、技术与应用[M].2 版.北京:冶金工业出版社,2010.

[6] HISAKADO T,TSUKIZOE T,YOSHIKAWA H.Lubrication mechanism of solid lubricants in oils[J].Journal of lubrication technology,1983,105(2):245-252.

[7] TALIB N,RAHIM E A.Performance of modified jatropha oil in combination with hexagonal boron nitride particles as a bio-based lubricant for green machining[J].Tribology international,2018,118:89-104.

［8］ RAMIN R,ALIREZA M,REZA B,et al.An experimental study on sta-
bility and thermal conductivity of water/silica nanofluid:eco-friendly
production of nanoparticles［J］.Journal of cleaner production,2019,206:
1089-1100.

［9］ CUI Y,DING M,SUI T,et al.Role of nanoparticle materials as water-
based lubricant additives for ceramics［J］.Tribology international,2020,
142:105978.

［10］ HE J Q,SUN J L,MENG Y N,et al.Preliminary investigations on the
tribological performance of hexagonal boron nitride nanofluids as lubri-
cant for steel/steel friction pairs［J］.Surface topography:metrology and
properties,2019,7(1):015022.

［11］ 孙建林,孟亚男.纳米加工液对金属表面的润滑与修复［J］.表面技术,
2019,48(11):1-14.

［12］ REEVES C J,MENEZES P L,LOVELL M R,et al.The size effect of
boron nitride particles on the tribological performance of biolubricants
for energy conservation and sustainability［J］.Tribology letters,2013,
51(3):437-452.

［13］ WU H,ZHAO J W,XIA W Z,et al.Analysis of TiO_2 nano-additive wa-
ter-based lubricants in hot rolling of microalloyed steel［J］.Journal of
manufacturing processes,2017,27:26-36.

［14］ BAO Y Y,SUN J L,KONG L H.Effects of nano-SiO_2 as water-based
lubricant additive on surface qualities of strips after hot rolling［J］.Tri-
bology international,2017,114:257-263.

［15］ 杨序纲,吴琪琳.石墨烯纳米复合材料［M］.北京:化学工业出版社,2018.

［16］ ZHOU S F,LIU H R,WANG S Z,et al.Tribological performance of
electrostatic self-assembly prepared ZrO_2@GO nanocomposites using as lu-
bricant additive［J］.Materials research express,2019,6(11):115075.

［17］ MA L M,LI Z P,HOU K M,et al.Sonication-assisted solvothermal
synthesis of noncovalent fluorographene/ceria nanocomposite with ex-
cellent extreme-pressure and anti-wear properties［J］.Tribology inter-
national,2021,159:106991.

［18］ HUANG C J,YE W Q,LIU Q W,et al.Dispersed Cu_2O octahedrons on
h-BN nanosheets for p-nitrophenol reduction［J］.ACS applied materials

and interfaces,2014,6(16):14469-14476.

[19] 赵珊珊,宋小兰,王毅,等.机械球磨法制备纳米 CL-20/HMX 共晶炸药及其表征[J].固体火箭技术,2018,41(4):479-482.

[20] 张桂银,查五生,陈秀丽,等.机械球磨技术在材料制备中的应用[J].粉末冶金技术,2018,36(4):315-318.

[21] LUO T,CHEN X C,LI P S,et al.Laser irradiation-induced laminated graphene/MoS$_2$ composites with synergistically improved tribological properties[J].Nanotechnology,2018,29(26):265704.

[22] 李双浩,赵艳.激光液相烧蚀法制备金核银壳纳米结构及其性能的研究[J].中国激光,2014,41(7):0706001.

[23] 武宏大,杨占旭,邵军桥.溶剂热法制备球形 MoS$_2$ 材料及其电化学性能研究[J].化工新型材料,2018,46(9):180-182.

[24] DENG H,LI X L,PENG Q,et al.Monodisperse magnetic single-crystal ferrite microspheres [J]. Angewandte chemie international edition, 2005,44(18):2782-2785.

[25] DU S N,SUN J L,WU P.Preparation,characterization and lubrication performances of graphene oxide-TiO$_2$ nanofluid in rolling strips[J]. Carbon,2018,140:338-351.

[26] ZHANG C L,HE Y,LI F,et al.H-BN decorated with Fe$_3$O$_4$ nanoparticles through mussel-inspired chemistry of dopamine for reinforcing anticorrosion performance of epoxy coatings[J].Journal of alloys and compounds,2016,685:743-751.

[27] SONG H J,YOU S S,JIA X H,et al.MoS$_2$ nanosheets decorated with magnetic Fe$_3$O$_4$ nanoparticles and their ultrafast adsorption for wastewater treatment[J].Ceramics international,2015,41(10):13896-13902.

[28] KONG L H,SUN J L,BAO Y Y.Preparation,characterization and tribological mechanism of nanofluids[J].RSC advances,2017,7(21):12599-12609.

[29] WU H,ZHAO J W,XIA W Z,et al.A study of the tribological behaviour of TiO$_2$ nano-additive water-based lubricants[J].Tribology international, 2017,109:398-408.

[30] 周壮.纳米流体微量润滑钛合金切削刀具磨损研究[D].哈尔滨:哈尔滨工业大学,2018.

［31］GUO Y X,ZHANG L G,ZHANG G,et al.High lubricity and electrical responsiveness of solvent-free ionic SiO_2 nanofluids[J].Journal of materials chemistry A,2018,6(6):2817-2827.

［32］HU K H,LIU M,WANG Q J,et al.Tribological properties of molybdenum disulfide nanosheets by monolayer restacking process as additive in liquid paraffin[J].Tribology international,2009,42(1):33-39.

［33］KÜMMEL D,HAMANN-SCHROER M,HETZNER H,et al.Tribological behavior of nanosecond-laser surface textured Ti_6Al_4V[J].Wear,2019,422/423:261-268.

［34］QIAO J L,GUO F H,QIU S T,et al.Formation mechanism of surface oxide layer of grain-oriented silicon steel[J].Journal of iron and steel research international,2021,28(3):327-334.

［35］JING Y A,YUAN Y M,YAN X L,et al.Decarburization mechanism during hydrogen reduction descaling of hot-rolled strip steel[J].International journal of hydrogen energy,2017,42(15):10611-10621.

［36］DASMAHAPATRA A,MELETIS E,KROLL P.First principles modeling and simulation of Zr-Si-B-C-N ceramics:developing hard and oxidation resistant coatings[J].Acta materialia,2017,125:246-254.

［37］DAVID L P,TALIA L B,CARLOS G L.Equilibrium relationships between thermal barrier oxides and silicate melts[J].Acta materialia,2016,120:302-314.

［38］朱李艳,周俐,梁健,等.低合金钢防高温氧化涂料的制备与性能[J].金属热处理,2018,43(5):70-75.

［39］XIONG W,LI L,QIAO F,et al.Air superhydrophilic-superoleophobic SiO_2-based coatings for recoverable oil/water separation mesh with high flux and mechanical stability[J].Journal of colloid and interface science,2021,600:118-126.

［40］YUSOFF N H N,GHAZALI M J,ISA M C.Effects of powder size and metallic bonding layer on corrosion behaviour of plasma-sprayed Al_2O_3-13％ TiO_2 coated mild steel in fresh tropical seawater[J].Ceramics international,2013,39(3):2527-2533.

［41］张士宪,赵晓萍,李运刚.金属基表面复合材料的制备方法及研究现状[J].热加工工艺,2017,46(8):6-10.

[42] MAURICIO C D C,LIMA F D,SERGIO M.The influence of laser surface treatment on the fatigue crack growth of AA2024-T3 aluminum alloy alclad sheet[J].Surface and coatings technology,2017,329:244-249.

[43] HE J Q,SUN J L,MENG Y N,et al.Superior lubrication performance of MoS_2-Al_2O_3 composite nanofluid in strips hot rolling[J].Journal of manufacturing processes,2020,57:312-323.

[44] 李美栓.金属的高温腐蚀[M].北京:冶金工业出版社,2001.

[45] SARVESHA R,GHORI U U R,THIRUNAVUKKARASU G,et al.A study on the phase transformation of γ_2-Al_8Mn_5 to LT-$Al_{11}Mn_4$ during solutionizing in AZ91 alloy[J].Journal of alloys and compounds,2021,873:159836.

[46] 许彪,张萌,罗英,等.Zn/Cu 反应扩散系数的影响因素[J].南昌大学学报(理科版),2008,32(2):178-182.

[47] 曹晓明,温鸣,杜安.现代金属表面合金化技术[M].北京:化学工业出版社,2007.

[48] YU B,LIU Y,WEI L Q,et al.A mechanism of anti-oxidation coating design based on inhibition effect of interface layer on ions diffusion within oxide scale[J].Coatings,2021,11(4):454.

[49] YONG X,CAO L Y,HUANG J F,et al.Microstructure and oxidation protection of a $MoSi_2$/SiO_2-B_2O_3-Al_2O_3 coating for SiC-coated carbon/carbon composites[J].Surface and coatings technology,2017,311:63-69.

[50] SAEMI H,RASTEGARI S,SARPOOLAKY H,et al.Oxidation resistance of double-ceramic-layered thermal barrier coating system with an intermediate Al_2O_3-YAG layer[J].Journal of thermal spray technology,2021,30(4):1049-1058.

[51] 李雅琪,古一,孟熙,等.防脱碳涂料对 30CrMnSiA 热处理保护的研究[J].材料保护,2019,52(3):72-76.

[52] ANINDITA C,AVIK M,KUMAR H A,et al.Evolution of microstructure of zinc-nickel alloy coating during hot stamping of boron added steels[J].Journal of alloys and compounds,2019,794:672-682.

[53] KATRANIDIS V,GU S,COX D C,et al.FIB-SEM sectioning study of decarburization products in the microstructure of HVOF-sprayed WC-Co coatings

[J].Journal of thermal spray technology,2018,27(5):898-908.

[54] REN X R,WANG W H,SHANG T Q,et al.Dynamic oxidation protective ultrahigh temperature ceramic TaB$_2$-20％SiC composite coating for carbon material[J].Composites Part B:engineering,2019,161:220-227.

[55] ALIYU I K,KUMAR A M,MOHAMMED A S.Wear and corrosion resistance performance of UHMWPE/GNPs nanocomposite coatings on AA2028 Al alloys[J].Progress in organic coatings,2021,151:106072.

[56] DORDANE R,DOROODMAND M M.Novel method for scalable synthesis of wollastonite nanoparticle as nano-filler in composites for promotion of anti-corrosive property[J].Scientific reports,2021,11(1):2579.

[57] LIU S,GU L,ZHAO H C,et al.Corrosion resistance of graphene-reinforced waterborne epoxy coatings[J].Journal of materials science and technology,2016,32(5):425-431.

[58] RAMEZANZADEH B,MOHAMADZADEH M H,SHOHANI N,et al.Effects of highly crystalline and conductive polyaniline/graphene oxide composites on the corrosion protection performance of a zinc-rich epoxy coating[J].Chemical engineering journal,2017,320:363-375.

[59] POURHASHEM S,VAEZI M R,RASHIDI A,et al.Exploring corrosion protection properties of solvent based epoxy-graphene oxide nanocomposite coatings on mild steel[J].Corrosion science,2017,115:78-92.

[60] 严六明,朱素华.分子动力学模拟的理论与实践[M].北京:科学出版社,2013.

[61] YANG L,WANG C Z,LIN S W,et al.Thermal conductivity of TiO$_2$ nanotube:a molecular dynamics study[J].Journal of physics condensed matter:an institute of physics journal,2019,31(5):055302.

[62] PAUDEL H P,LEE Y L,SENOR D J,et al.Tritium diffusion pathways in γ-LiAlO$_2$ pellets used in TPBAR:a first-principles density functional theory investigation[J].The journal of physical chemistry C,2018,122(18):9755-9765.

[63] ZHAO Y B,PENG X H,FU T,et al.Molecular dynamics simulation of nano-indentation of (111) cubic boron nitride with optimized Tersoff potential[J].Applied surface science,2016,382:309-315.

[64] CHOU C C,LEE S H.Tribological behavior of nanodiamond-dispersed lubri-

cants on carbon steels and aluminum alloy[J].Wear,2010,269(11/12):757-762.

[65] ZHAO W L,DUAN F L.Friction properties of carbon nanoparticles (nanodiamond and nanoscroll) confined between DLC and α-SiO$_2$ surfaces[J].Tribology international,2020,145:106153.

[66] 张丽秀,芦冰,吴玉厚,等.含石墨烯润滑油润滑机制的分子动力学模拟[J].润滑与密封,2019,44(10):83-91,108.

[67] HE J Q,SUN J L,MENG Y N,et al.Synergistic lubrication effect of Al$_2$O$_3$ and MoS$_2$ nanoparticles confined between iron surfaces:a molecular dynamics study[J].Journal of materials science,2021,56(15):9227-9241.

[68] BONDAREV A V,FRAILE A,POLCAR T,et al.Mechanisms of friction and wear reduction by h-BN nanosheet and spherical W nanoparticle additives to base oil:experimental study and molecular dynamics simulation[J].Tribology international,2020,151:106493.

[69] JABBARI F,SAEDODIN S,RAJABPOUR A.Experimental investigation and molecular dynamics simulations of viscosity of CNT-water nanofluid at different temperatures and volume fractions of nanoparticles[J].Journal of chemical and engineering data,2019,64(1):262-272.

[70] 刘万强,杨帆,袁华,等.醇类有机物热传导的分子动力学模拟及微观机理研究[J].化工学报,2020,71(11):5159-5168.

[71] IZADKHAH M S,ERFAN-NIYA H,HERIS S Z.Influence of graphene oxide nanosheets on the stability and thermal conductivity of nanofluids [J].Journal of thermal analysis and calorimetry,2019,135(1):581-595.

[72] 张顺,刘小刚,郭海丁,等.基于分子动力学的钛合金扩散焊模拟研究[J].能源化工,2018,39(2):1-6.

[73] ZHANG S C,SUN H.Effects of boron defects on mechanical strengths of TiB$_2$ at high temperature:ab initio molecular dynamics studies[J].Physical chemistry chemical physics,2020,22(12):6560-6571.

[74] 何天威.硼碳在钢中行为的第一原理计算与分子动力学模拟研究[D].昆明:昆明理工大学,2016.

第3章　纳米复合流体的制备及摩擦学行为

　　随着绿色化学理念以及"碳达峰,碳中和"战略的提出,具有优良清洁性能的水基润滑剂在一定条件下可以替代传统的润滑油,但水基润滑剂往往存在油膜强度较低、润滑性能不足等问题。而将纳米粒子分散到水基流体中,能够显著提高其抗磨减摩性能,并且在一定程度上可以改善流体的黏度、润湿性和热导率等理化性质。近年来,对于热轧板带钢产品质量的要求日益提高,对润滑剂的抗磨减摩效果也提出了越来越高的要求。针对以上问题,结合不同类型纳米粒子优势的纳米复合粒子作为添加剂制备得到的纳米复合流体,为新型高品质工艺润滑剂的研发提供了新思路,具有重要的研究价值和广阔的应用前景。

3.1　纳米复合流体的制备及理化性能

3.1.1　纳米复合粒子的制备及表征

　　通过溶剂热法,借助多巴胺分子易于在材料表面聚合的"贻贝化学"反应[1-2],实现了 Al_2O_3 纳米粒子在 MoS_2 纳米片表面的生长和接枝,从而制备得到 MoS_2-Al_2O_3 纳米复合粒子。制备过程如图 3-1 所示,具体包括以下两个步骤:MoS_2 纳米片的表面改性和 Al_2O_3 粒子在片层上的生成。

　　首先,将 MoS_2 纳米粒子加入无水乙醇和 Tris 缓冲液的混合溶液中,搅拌和超声波处理后得到均匀的流体。随后,加入盐酸多巴胺,在恒温 60 ℃ 条件下持续搅拌 6 h,产物经过离心和反复洗涤,烘干后即得到聚多巴胺改性的 MoS_2 粒子(MoS_2-PDA)。接下来,将 MoS_2-PDA 粉末、$AlCl_3 \cdot 6H_2O$ 以及聚乙二醇 2000(PEG-2000)逐步加入乙二醇的水溶液中,均匀混合后加入乙酸钠,恒温 60 ℃ 下搅拌 2 h 后将流体转移至高压反应釜中,在 180 ℃ 恒温恒压

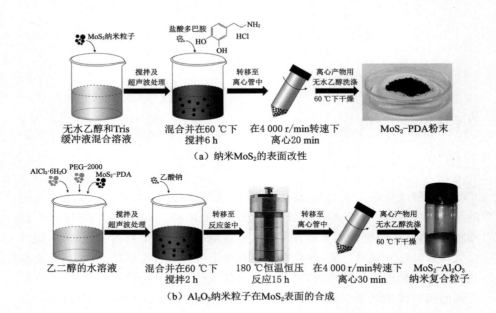

（a）纳米MoS₂的表面改性

（b）Al₂O₃纳米粒子在MoS₂表面的合成

图 3-1　MoS₂-Al₂O₃ 纳米复合粒子的制备过程

下充分反应 15 h。最后，对高压溶剂热反应后的液体进行离心、过滤处理，使用无水乙醇对产物粉末多次洗涤，在恒温干燥箱中烘干后即得到 MoS₂-Al₂O₃ 纳米复合粒子。

采用 XRD 对原始 MoS₂ 纳米粒子、作为对照的纳米 Al₂O₃ 以及合成的 MoS₂-Al₂O₃ 复合粒子进行表征，结果如图 3-2 所示。由纳米 MoS₂ 衍射峰的位置和强度可知其为 2H 相的六方晶体结构（JCPDS♯37-1492）。MoS₂-Al₂O₃ 粒子衍射图谱中的 25.54°、35.10°、37.72°、43.30°、52.50°、57.44°、66.46° 和 68.16° 位置还出现了明显的衍射峰，经比对分别与 α 相的六方晶体结构 Al₂O₃（JCPDS♯10-0173）的（012）、（104）、（110）、（113）、（024）、（116）、（214）和（125）晶面相匹配。这一现象证明了 MoS₂-Al₂O₃ 粒子的成功制备，并且其晶体结构符合预期。此外，值得注意的是部分尖锐的 MoS₂ 衍射峰的强度明显降低，这是由于聚多巴胺以及生成的 Al₂O₃ 粒子对 MoS₂ 表面的覆盖，同时也反映了 MoS₂ 片层间的范德瓦耳斯作用力受到了抑制[3]。

上述三种纳米粒子的 TEM 形貌图、高分辨 TEM（HRTEM）表征结果以及相应的 EDS 能谱如图 3-3 所示。从图 3-3（a）和（b）中可以发现，由于纳米

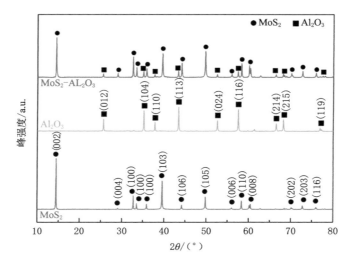

图 3-2　MoS_2、Al_2O_3 和 MoS_2-Al_2O_3 纳米粒子的 XRD 图谱

粒子极高的表面能,尽管在制备 TEM 样品过程中进行了长时间的超声波处理,但粒子间仍然相互吸引,出现了严重的团聚。MoS_2 粒子呈现出明显的重叠和褶皱,从团聚粒子的边缘位置可以辨识到厚度较小的少层纳米片;同时,对于纳米 Al_2O_3 也可以分辨出单一的类球形颗粒,其粒径大约为 30 nm。因此,选用适当的分散方法制备纳米流体,并保证其长时间的分散稳定性是非常必要的。制备得到的纳米复合粒子的形貌如图 3-3(d)所示。合成的球形 Al_2O_3 粒子均匀地分布在纳米 MoS_2 的周围,且这些粒子的粒径也大约为 30 nm。正是基于这一结果,本研究选取了粒径相近的商业 Al_2O_3 纳米粒子作为对照。生成的 Al_2O_3 与 MoS_2 的结合相当牢固,TEM 制样过程的超声处理也未对其结构造成明显的破坏。进一步的,区域I和II的 HRTEM 表征结果以及相应的选区电子衍射图(SAED)也表明了复合粒子中的 MoS_2 和 Al_2O_3 相均为结晶度较好的六方晶体结构。其中,面间距 0.274 nm 和 0.251 nm[图 3-3(d)]分别与 MoS_2 的(100)和(102)晶面相匹配,面间距 0.237 nm、0.209 nm 和 0.254 nm[图 3-3(e)]分别与 α-Al_2O_3 的(110)、(113)和(104)晶面相匹配。此外,对复合粒子的 EDS 分析结果[图 3-3(f)]表明,Mo 元素和 Al 元素的原子分数比为 1∶1.89,即 MoS_2 和 Al_2O_3 两种纳米粒子的质量比约为 1∶0.60。

为了进一步验证 Al_2O_3 与 MoS_2 确为借助聚多巴胺实现了化学复合,而非简单的物理作用,采用 X 射线光电子能谱(XPS)对上述纳米复合粒子进行

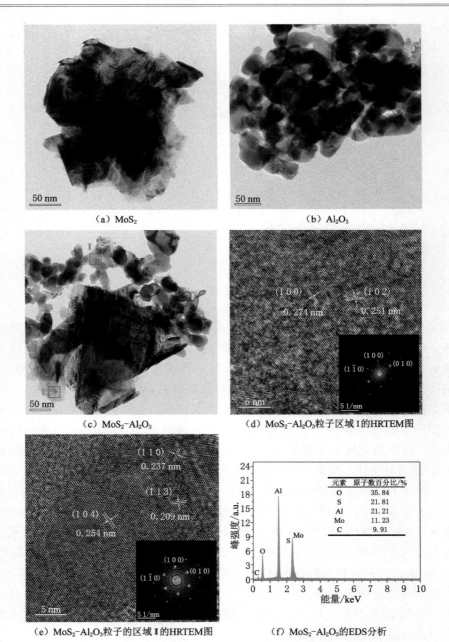

图 3-3 三种纳米粒子的 TEM 形貌图、高分辨 TEM（TRTEM）
表征结果以及相应的 EDS 能谱

表征,结果如图 3-4 所示。图中列出的结合能均来源于 NIST XPS 数据库。XPS 总谱[图 3-4(a)]中除了 Mo 和 S 元素的特征峰外,还出现了 Al 2s、Al 2p、O 1s 以及 C 1s 峰,这一结果再次证明了 MoS_2-Al_2O_3 粒子的成功合成。图 3-4(b)中 Mo 3d 的特征峰出现在 229.2 eV 和 232.3 eV 处,分别对应 Mo^{4+} 的 $3d_{5/2}$ 和 $3d_{3/2}$ 轨道,同时在 226.5 eV 观察到 S 2s 特征峰,这与数据库中 MoS_2 对应峰位的标准结合能相吻合,说明在制备过程中纳米 MoS_2 未参与到化学反应中。其次,Al 2p 图谱中的 72.8 eV 特征峰表明了复合粒子中的 Al 元素仅仅存在于 Al_2O_3 中,没有其他杂相存在。最后,C 1s 图谱[图 3-4(d)]中出现了位于 284.8 eV、285.5 eV、286.7 eV 和 288.8 eV 处的特征峰,分别对应 C—C/C—H、C—N、C—O 和 C═O 基团。这些有机基团来源于多巴胺在 MoS_2 表面的自聚合,进而为 Al^{3+} 的沉积提供活性位点,并最终起到连接 MoS_2 和新生 Al_2O_3 颗粒的作用。

　　基于上述分析,得到了图 3-5 所示的纳米复合粒子制备过程的反应机理图。首先,在乙醇的水溶液中,多巴胺分子通过自聚合转化为聚多巴胺(PDA)分子,然后借助其独特的"贻贝化学"作用,牢固吸附在 MoS_2 片层表面(过程Ⅰ)。接下来,由于聚多巴胺分子中的双酚羟基具有极强的金属配位能力[4],因此溶液中来源于 $AlCl_3 \cdot 6H_2O$ 的 Al^{3+} 会通过配位键与酚羟基中的氧原子结合,形成 PDA-Al^{3+} 络合物(过程Ⅱ)。最后,在溶剂热反应过程中(过程Ⅲ),铝离子继续聚集且捕获溶液中的氧原子,最终原位形成了紧密连接在 MoS_2 表面的球状纳米 Al_2O_3 粒子。

3.1.2　纳米粒子在流体中的分散及粒径分布

　　纳米粒子分散到流体中后,能够保持一定时间的分散稳定性,是实现优异润滑性能、用于金属加工过程的前提条件。本研究综合了机械搅拌、细胞粉碎机超声处理的物理方法与添加分散剂的化学方法,制备了稳定性良好的纳米流体,如图 3-6 所示。具体制备工艺步骤如下:

　　① 将丙三醇加入去离子水中,在恒温 60 ℃下搅拌,再加入三乙醇胺,恒温 60 ℃下继续搅拌得到均匀的溶液。

　　② 将分散剂(六偏磷酸钠和十二烷基苯磺酸钠)加入溶液中,持续搅拌直至分散剂完全溶解。

　　③ 根据纳米流体的目标浓度,分别加入相应质量的 MoS_2、Al_2O_3、MoS_2-Al_2O_3 粒子或将 MoS_2 及 Al_2O_3 粒子混合加入(MoS_2＋Al_2O_3),持续搅拌 30 min。其中,混合粒子中 MoS_2 与 Al_2O_3 的质量比为 1∶0.60。

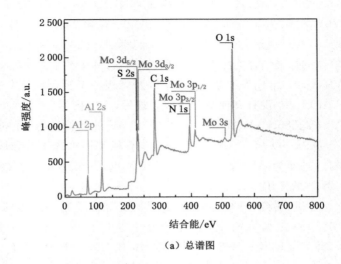

（a）总谱图

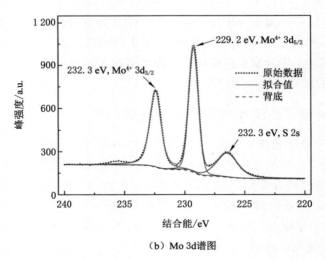

（b）Mo 3d谱图

图 3-4 MoS₂-Al₂O₃ 纳米粒子的 XPS 分析结果

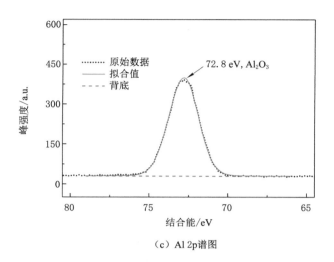

（c）Al 2p谱图

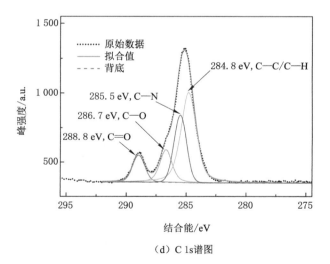

（d）C 1s谱图

图 3-4　（续）

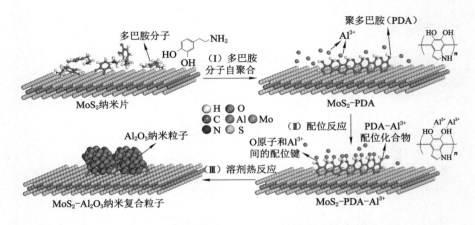

图 3-5　多巴胺聚合制备 MoS_2-Al_2O_3 纳米粒子的反应机理图

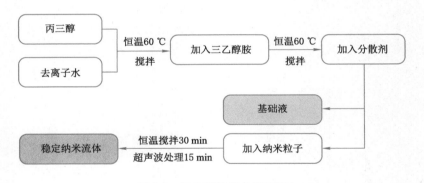

图 3-6　纳米流体制备流程图

④ 对上一步骤得到的流体采用细胞粉碎机进行 15 min 的超声分散处理，进一步提高其稳定性，最终制备出相应的纳米流体。

上述过程加入的纳米粒子的总质量分数为 1%、2%、3%、4% 和 5%。此外，添加的三乙醇胺具有良好的缓蚀性能，同时还能够降低纳米流体的表面张力，提高其在金属表面的润湿性能；丙三醇能够在一定程度上提高液体的黏度，改善水基纳米流体的成膜性能。另外，还按照上述流程制备了不含纳米粒子的基础液作为后续研究过程的对照组。接下来，将进一步对不同纳米流体的分散稳定性、粒径分布、润湿角和黏度等理化性能进行表征和研究。

图 3-7(a) 是新制备以及静置 168 h 后的质量分数为 2% 的 4 种纳米流体的实物图。新制备的纳米流体呈现出稳定均一的胶体状，没有沉淀和分层等

情况出现。但经过 168 h 的静置,MoS_2 和 $MoS_2 + Al_2O_3$ 纳米流体出现了明显的分层,上层由黑色基本变为了澄清半透明状,同时底部有大量纳米粒子沉淀;Al_2O_3 纳米流体的分层现象不明显,但也有一定量的粒子发生了团聚和沉积。相比而言,MoS_2-Al_2O_3 纳米复合流体的分散稳定性较好,仅仅在最上层出现了少量的澄清液体。

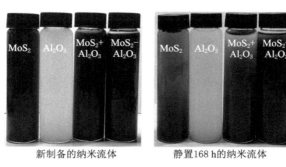

新制备的纳米流体　　　　静置168 h的纳米流体

（a）新制备以及静置168 h后的2%MoS_2、Al_2O_3、
MoS_2+Al_2O_3和MoS_2-Al_2O_3纳米流体的实物图

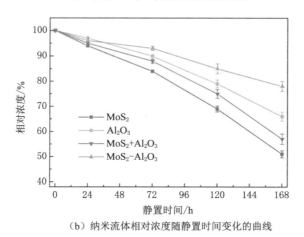

（b）纳米流体相对浓度随静置时间变化的曲线

图 3-7　新制备以及静置 168 h 后的质量分数为 2% 的 4 种纳米流体的实物图

利用 UV-6100 可见光分光光度计测量了静置不同时间的纳米流体的吸光度,并将结果转换为相对浓度,如图 3-7(b)所示。4 种纳米流体静置 24 h 后的相对浓度差别较小,但随着时间的延长,MoS_2、Al_2O_3 以及 MoS_2 + Al_2O_3 纳米流体的浓度急剧下降,而 MoS_2-Al_2O_3 在 168 h 后相对浓度仍有

约78%。这一结果说明纳米复合流体能够表现出更优异的分散稳定性,除了分散剂的作用外,复合粒子中层状 MoS_2 的存在也促进了 Al_2O_3 粒子的均匀分布,两者间靠聚多巴胺连接的强大作用力抑制了 Al_2O_3 的运动和团聚;同时,这些球形纳米粒子反过来也可以阻止 MoS_2 的相互吸引和靠近,从而保证了复合粒子在流体中的长时间稳定性。上述结果表明,本研究选用的分散方法可以有效地实现团聚的纳米粒子在流体中的分散。为了进一步明晰分散过程对不同纳米粒子在流体中的粒径变化,通过激光粒度仪对 2% 的 MoS_2、Al_2O_3 以及 MoS_2-Al_2O_3 纳米流体的粒径分布进行了测量,结果如图 3-8 所示。

由图 3-8 可以看出,纳米粒子的粒径接近于正态分布。MoS_2 粒子的累积分数曲线在 140 nm 后迅速上升,而在 220 nm 后变得平缓,这说明 MoS_2 流体中大部分粒子的粒径在 140~220 nm 之间。同样,Al_2O_3 流体中粒子的尺寸主要介于 20~50 nm 之间。而对于 MoS_2-Al_2O_3 纳米流体,除了粒径在 100~200 nm 的大量纳米粒子外,在 60~80 nm 范围内也出现了较高比例的粒子,这一方面是由于复合粒子的制备过程中部分 MoS_2 纳米片分解、破碎为尺寸较小的纳米片,另一方面是由于部分新生成的 Al_2O_3 间发生了轻微团聚,形成了较大粒径的粒子。经计算,MoS_2、Al_2O_3 以及 MoS_2-Al_2O_3 流体中粒子的平均粒径分别为 178.6 nm、35.4 nm 和 144.8 nm。MoS_2-Al_2O_3 的平均粒径比 MoS_2 的降低,进一步验证了复合粒子中的层状 MoS_2 和球状 Al_2O_3 粒子发生了相互作用,阻止了粒子间由于引力导致的靠近和团聚,提高了分散稳定性。

3.1.3 纳米流体中在金属表面的润湿性能

流体在金属表面的润湿性能一般通过接触角(θ)来评价。对于理想的化学性质均一的固体表面,如图 3-9(a)所示,流体的接触角通常由杨氏方程[5]来定义:

$$\cos \theta = \frac{\gamma_{sv} - \gamma_{sl}}{\gamma_{lv}} \tag{3-1}$$

式中 γ_{sv}——固-气界面张力,N/m;

　　　γ_{sl}——固-液界面张力,N/m;

　　　γ_{lv}——液-气界面张力,N/m。

当 $0° < \theta < 90°$ 时,说明固体表面能够被流体润湿;当 $90° < \theta < 180°$ 时,表明流体不能润湿固体表面。对于液体润滑剂,在金属表面的润湿性能越好(即

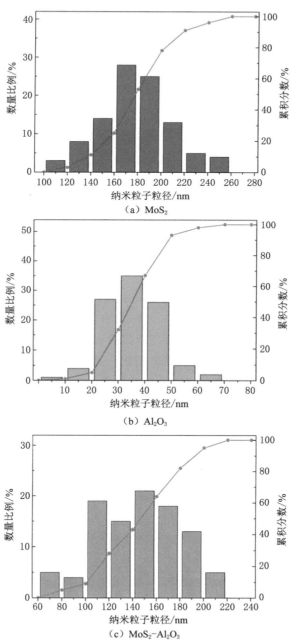

（a）MoS₂

（b）Al₂O₃

（c）MoS₂-Al₂O₃

图 3-8　MoS₂、Al₂O₃ 以及 MoS₂-Al₂O₃ 纳米流体的粒径分布

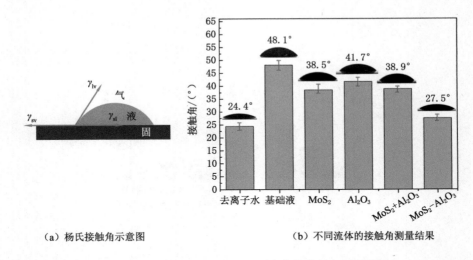

（a）杨氏接触角示意图　　　　　　　（b）不同流体的接触角测量结果

图 3-9　杨氏接触角示意图和不同流体的接触角测量结果

接触角越小），润滑过程中润滑剂在摩擦副表面的铺展能力也越强，越有利于稳定润滑膜的形成，进而降低摩擦磨损。然而，纳米流体中由于纳米粒子和分散剂等添加剂的存在，部分分子会吸附在金属表面，影响其化学性质均一性。在这种情况下，实际的固体表面由两部分组成[6]：原始金属表面和由吸附的其他分子形成的疏水表面。因此，纳米流体的接触角需由 Cassie 方程[7]进行描述：

$$\cos \theta = f_1 \cos \theta_1 + f_2 \cos \theta_2 \tag{3-2}$$

式中　f_1、f_2——原始表面和疏水表面的面积占整个接触表面的比例，且 $f_1 + f_2 = 1$；

　　　θ_1、θ_2——流体分别在原始表面和疏水表面的理想接触角，(°)。

图 3-9(b) 所示为去离子水、基础液以及 2％的纳米流体在 Q235B 钢板表面的接触角测量结果。这些流体均表现出较好的润湿性能，且去离子水对钢板的润湿效果最优，接触角仅为 24.4°。相比较，基础液的接触角显著提高（48.1°），表明分散剂等添加剂的加入会降低流体的润湿性能，这与孔令辉[8]的相关研究结果一致，同时也说明了式(3-2)中流体在分散剂形成的相对疏水表面的接触角 θ_2 显著大于在原始表面的接触角 θ_1。纳米粒子加入基础液中后，接触角有了不同程度的降低，这是由于先前吸附在钢板表面的分散剂有一部分转移到了纳米粒子表面，疏水表面的比例 f_2 减少，从而使最终的接触角 θ 降低。特别的，MoS_2-Al_2O_3 纳米复合流体的接触角小于其他三组纳米流

体,这是由于复合流体中的聚多巴胺分子与金属具有极强的亲和力,从而在一定程度上改善了流体在钢板表面的润湿性能。

3.1.4　纳米流体的流变性能

纳米流体的流变性能通常由纳米粒子和基础液中的各种有机分子的性质决定,而润滑剂的流变性能对于其摩擦学性能具有极为重要的影响。纳米流体的黏度关系着摩擦过程中金属表面形成的润滑膜的厚度和稳定性,进而影响到摩擦系数和磨损率。同时,作为影响纳米流体中的纳米粒子相互作用力的重要因素之一,黏度也与纳米流体的分散稳定性密切相关。在摩擦过程中,润滑剂在高速运动的摩擦副间会发生剪切作用。对于含有分散颗粒的纳米流体,往往会表现出显著的非牛顿流变性能。剪切速率会使其动力黏度发生变化,进而影响到摩擦过程的润滑性能。因此,需要对本书制备的润滑剂的黏度随剪切速率的变化进行研究,从而明确其流变特性,为后续摩擦学性能研究提供依据。

采用流变仪测量了基础液和浓度为 2% 的 4 种纳米流体的动力黏度 η 随剪切速率 γ 的变化曲线,结果如图 3-10 所示。每次实验的剪切速率控制范围均为 $1\sim1\,000\ \text{s}^{-1}$,实验温度为室温($25\ ^{\circ}\text{C}$)。从图 3-10 中可以发现,随着剪切速率的增加,基础液和纳米流体的动力黏度持续降低,并在剪切速率达到某一特定值后基本保持稳定,且 4 种纳米流体的动力黏度均显著高于基础液。随着剪切速率继续增加,基础液的动力黏度仍保持稳定,而纳米流体的黏度出现了不同程度的回升。

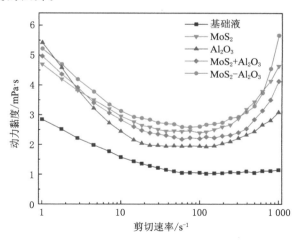

图 3-10　基础液和纳米流体的动力黏度随剪切速率的变化曲线

上述结果表明,本研究中的高浓度纳米流体同时表现出"剪切稀化"和"剪切增稠"现象。一方面,纳米流体中加入的表面活性剂、分散剂和增稠剂等物质使其表现出轻微的剪切稀化这一非牛顿特性。根据 Bair 等[9]的研究,流体中的非球形分子在剪切力作用下会沿流体运动方向被拉伸变形,如图 3-11 所示,从而使剪切黏度下降。另一方面,根据相关领域专家 Brady 等[10]提出的"粒子簇"理论,纳米流体在静置或低剪切力作用下,体系中粒子的沉降作用和粒子间作用力处于动态平衡的状态;随着剪切速率的增加,流体对纳米粒子的作用力随之增加,原本做无规则布朗运动的纳米粒子在流体作用力的作用下,运动方向趋于一致,逐渐形成有序的结构,使动力黏度降低,即剪切稀化;当剪切速率继续增大至流体作用力与粒子间作用力平衡时,纳米粒子的分散稳定性会受到影响,相互聚集形成大尺寸的粒子团簇,使流体表现出的动力黏度升高,出现剪切增稠现象。

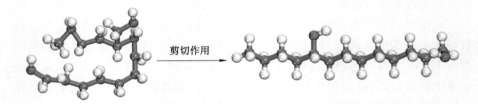

图 3-11　剪切作用下流体中分子的形态变化

由于 MoS_2 的平均粒径高于 Al_2O_3 纳米粒子,因此随着剪切速率的增加,Al_2O_3 粒子相对更容易随流体剪切方向发生有序运动,因此含 Al_2O_3 的纳米流体的动力黏度下降较快;当剪切速率较高时,MoS_2 以及 MoS_2-Al_2O_3 粒子团聚形成粒子簇的倾向更加明显,因此剪切增稠现象较为显著,且与流体中 MoS_2 的质量分数正相关:MoS_2-$Al_2O_3 > MoS_2 > MoS_2 + Al_2O_3 > Al_2O_3$。

3.2　四球摩擦学性能

3.2.1　基础摩擦学行为

在实现纳米粒子在流体中的稳定均匀分散得到纳米流体的基础上,通过四球摩擦学实验对不同纳米流体的摩擦学性能进行评价,其工作原理如图 3-12 所示。四球摩擦实验机上的四个钢球呈正四面体排列,在润滑剂的存在下,顶球按照设置的转速和载荷旋转,与下方固定的三个底球摩擦。通过测量摩擦过程的摩擦力矩以及轴向压力的变化,即可得到评价润滑剂承载能力的最大无卡咬负荷(P_B)、评价减摩润滑性能的摩擦系数(μ)以及评价抗磨行为的磨斑直径(D)等重要参数。实验所用钢球为直径 12.7 mm 的标准钢球,材质为GCr15。P_B 值的测量按照 GB/T 3142—2019,在转速(1 450±50) r/min、温度 25 ℃、时间 10 s 的条件下进行。摩擦系数与磨斑直径通过长磨实验得到,按照 NB/SH/T 0189—2017 标准在转速(1 200±60) r/min、载荷(392±4) N、温度 25 ℃、实验时间 1 800 s 条件下进行。每次实验均重复了三次以避免偶然误差。

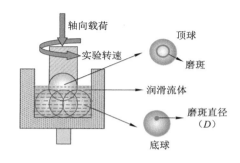

图 3-12　MS-10A 四球摩擦实验机的工作原理示意图

（1）纳米粒子浓度对 MoS_2-Al_2O_3 复合流体摩擦学性能的影响

含不同浓度 MoS_2-Al_2O_3 的纳米流体的摩擦系数-时间曲线以及平均摩擦系数和磨斑直径结果如图 3-13 所示,P_B 值见表 3-1。由于最大无卡咬负荷、摩擦系数和磨斑直径这三项指标所反映的润滑剂摩擦学性能的侧重点不同,因此,本研究采用极压抗磨润滑系数(Ω)[11],整合上述性能指标来全面综合地评价纳米流体的摩擦学性能:

$$\Omega = \ln \frac{P_B}{\mu \cdot D} \tag{3-3}$$

式中　P_B——润滑剂的最大无卡咬负荷,N;

μ——平均摩擦系数;

D——平均磨斑直径,μm。

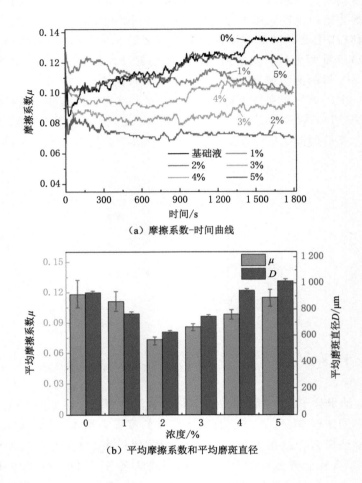

（a）摩擦系数-时间曲线

（b）平均摩擦系数和平均磨斑直径

图 3-13　不同浓度 MoS_2-Al_2O_3 纳米流体的摩擦系数-时间曲线及
平均摩擦系数和平均磨斑直径

表 3-1　不同浓度 MoS_2-Al_2O_3 纳米流体的 P_B 及极压抗磨润滑系数 Ω

	基础液	1%	2%	3%	4%	5%
P_B/N	392	471	697	746	598	373
Ω/(N/μm)	1.27	1.71	2.72	2.45	1.86	1.16

由图 3-13 可以看出，MoS_2-Al_2O_3 纳米粒子的加入显著提高了基础液的减摩性能，各个浓度下纳米流体的平均摩擦系数均有不同程度的降低。平均摩擦系数随浓度的升高先减小后增大，当浓度为 2% 时达到最低，约为 0.073。同时，该浓度下的磨斑直径 D 也最小，表明 2% 为 MoS_2-Al_2O_3 纳米流体实现抗磨减摩作用的最优浓度，摩擦系数和磨斑直径相对于基础液分别降低了 37.9% 和 32.5%。进一步的，浓度为 1%～3% 的纳米流体的摩擦系数-时间曲线在 300 s 后基本保持稳定，没有明显的波动。而当较高浓度时，出现了与基础液相似的持续上升并最终稳定在一个较高的水平。结合平均摩擦系数的变化也可以发现，当浓度超过最佳浓度继续升高时，D 值出现了急剧的上升，当浓度为 4%（945 μm）和 5%（1 016 μm）时甚至超过了基础液（930 μm）。这说明过高浓度的纳米粒子在润滑剂中会起到类似于磨损粒子的作用，严重影响润滑膜的稳定性，并且加剧了摩擦副表面的磨粒磨损[12]。根据表 3-1，最优浓度下纳米流体的 P_B 值达到了 697 N，相比基础液提高了 77.8%。随着浓度继续上升，P_B 值在 3% 时达到了峰值 746 N。随后急剧降低，在 5% 时仅为 373 N，低于基础液。上述现象再次表明，尽管纳米粒子作为添加剂具有良好的极压性能，能显著提高润滑膜的承载能力，但过高的浓度会由于纳米粒子的团聚、磨损粒子作用等因素，破坏摩擦过程中润滑膜的稳定性而适得其反。此外，根据式（3-3）计算得到的极压抗磨润滑系数，浓度为 2% 的 MoS_2-Al_2O_3 纳米流体的 Ω 值最高，说明在此情况下形成的润滑膜可以有效地阻止或者减少金属表面的直接接触，更易于满足实际金属轧制过程对润滑剂的极压、减摩和抗磨综合性能的要求。

（2）同浓度下含不同纳米粒子的纳米流体的摩擦学性能

根据上一部分得出的纳米复合流体最优浓度（2%），进一步与相同浓度的 MoS_2、Al_2O_3 以及 MoS_2+Al_2O_3 纳米流体的四球摩擦学性能进行比较，结果见表 3-2 和图 3-14。显然，纳米复合流体的承载能力也优于其他几组润滑剂。MoS_2+Al_2O_3 纳米流体的 P_B 值也达到了较高的水平（647 N），稍低于纳米复合流体的 697 N，这是由于两种纳米粒子物理混合制备的润滑剂稳定性略差，因而导致摩擦过程中润滑膜的不稳定。另外，值得注意的是，单一 Al_2O_3 流体的 P_B 值也明显高于 MoS_2 流体，表明纳米复合流体中高硬度的 Al_2O_3 粒子对提高润滑剂的极压性能起着主要作用。

表 3-2　浓度 2% 的不同纳米流体的最大无卡咬负荷 P_B

润滑流体	MoS_2	Al_2O_3	MoS_2+Al_2O_3	MoS_2-Al_2O_3
P_B/N	471	598	647	697

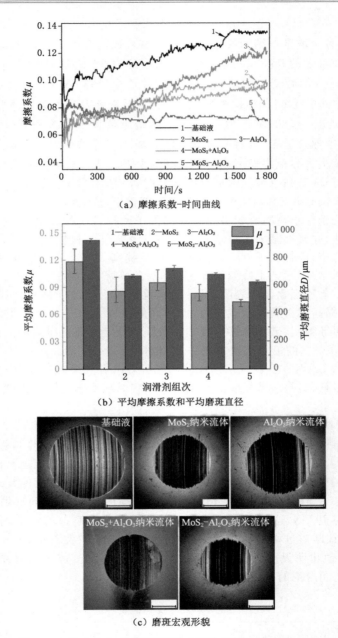

（a）摩擦系数-时间曲线

（b）平均摩擦系数和平均磨斑直径

（c）磨斑宏观形貌

图 3-14　基础液和 2% 的不同纳米流体摩擦系数-时间曲线、
平均摩擦系数和平均磨斑直径以及磨斑宏观形貌

由图 3-14 可以看出,几组润滑流体的平均摩擦系数和磨斑直径的变化趋势大致相同:μ(基础液)$>\mu$(Al_2O_3)$>\mu$(MoS_2)$>\mu$($MoS_2 + Al_2O_3$)$>$ μ(MoS_2-Al_2O_3);D(基础液)$>D$(Al_2O_3)$>D$($MoS_2 + Al_2O_3$)$>D$(MoS_2)$>$ D(MoS_2-Al_2O_3)。纳米复合流体的抗磨减摩性能优于单一纳米流体以及混合流体。值得注意的是,Al_2O_3 纳米流体的摩擦系数曲线出现了持续上升的现象[图 3-14(a)中的 3 号曲线]。图 3-14(c)给出了基础液和 2% 的纳米流体的四球磨斑形貌。尽管纳米粒子的加入显著降低了磨斑大小,但磨损表面的犁沟、划痕等缺陷没有显著改善。

进一步的,采用 SEM 及 EDS 对基础液和 MoS_2-Al_2O_3 润滑条件下的钢球磨斑进行了分析,结果如图 3-15 所示。从 SEM 图中可以看出,在未添加纳米粒子的基础液润滑条件下,磨损表面出现了极其密集的磨痕,且这些磨痕主要以磨损粒子和钢球表面微凸体的犁削作用产生的犁沟为主,同时表面还出现了大量的孔洞和轻微的黏着现象。结合 EDS 能谱分析,磨损表面出现了一定量的 P 元素,表明这些孔洞的产生与磨损过程中六偏磷酸钠等有机分子对表面的腐蚀息息相关[13]。磨损过程中的局部高温也会造成表面金属氧化,而氧化物较松散的结构很容易在摩擦副金属间转移,从而导致黏着磨损。当 MoS_2-Al_2O_3 纳米粒子加入润滑剂中后,磨损表面仍有犁沟出现,但其密集程度显著降低。磨痕区域变得平整,并且也没有观察到腐蚀孔洞和黏着磨损现象。EDS 分析结果表明,磨损表面分布有约 2.47% 的 Mo 元素、3.98% 的 S 元素、1.83% 的 Al 元素和 5.32% 的 O 元素,说明在摩擦过程中纳米粒子能够进入钢球之间并沉积在了金属表面。

基于上述实验结果和分析,浓度为 2% 的 MoS_2-Al_2O_3 纳米复合流体具有最佳的综合润滑性能,其中的片层 MoS_2 粒子和球形 Al_2O_3 能够通过"协同作用"实现极压、减摩和抗磨作用。高硬度的 Al_2O_3 粒子对实现润滑膜的高承载能力起到主要作用,并且初步判断具有较高化学活性和成膜性能的 MoS_2 易于在钢球表面铺展开来,同时借助摩擦过程的热量与 Fe 发生反应形成由 S、O 等元素组成的易剪切摩擦膜[14],降低摩擦力并阻止金属表面的进一步磨损。不过,纳米粒子在起到润滑作用的同时,也可能会作为磨损粒子加剧表面的磨损,因此控制纳米流体的浓度和保证良好的分散稳定性至关重要。

3.2.2　基于响应曲面法的多因素交互作用

润滑剂的摩擦学性能除了受到浓度影响外,摩擦副转动速度、实验力、实验温度等条件也会对其实际润滑效果造成影响。研究这些独立的因素以及因

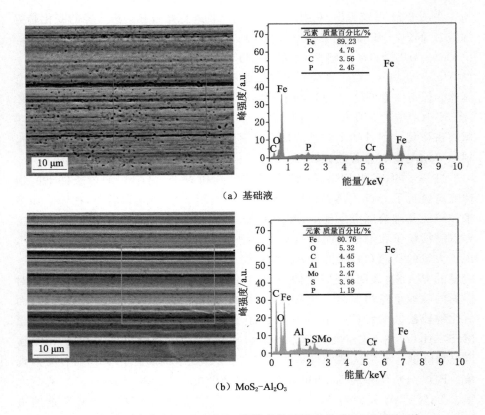

（a）基础液

（b）MoS₂-Al₂O₃

图 3-15　基础液和 MoS_2-Al_2O_3 润滑条件下磨斑的 SEM 及 EDS 谱

素之间的交互作用对纳米流体实际摩擦学性能的影响，对于优化实际金属加工润滑过程中的工艺参数组合、预测参数的变化对质量的影响以及揭示纳米流体的润滑机理有显著意义和价值。而响应曲面法（Response Surface Methodology，RSM）作为一种结合数学和统计学的优化工具，能够高效率解决多因素作用问题。

（1）RSM 实验设计及结果

在制备了不同浓度 MoS_2-Al_2O_3 纳米流体的基础上，基于 Box-Behnken 方法[15]，设计了四因素（摩擦副转速 v、实验力 F、温度 T 和纳米流体浓度 c）三水平的实验方案，具体见表 3-3。选取纳米流体的平均摩擦系数 μ、平均磨斑直径 D 和磨斑表面粗糙度 Ra 三个摩擦学性能参数作为因变量来评价不同参数组合下的实验结果。由 Box-Behnken 方法设计的总实验次数为 27 次，随后采用式(3-4)的二次模型建立了实验参数与摩擦学性能参数之间的数学统计关系。

$$Y = A_0 + \sum_{i=1}^{n} A_i X_i + \sum_{i=1}^{n} A_{ii} X_i^2 + \sum_{i=1}^{n} \sum_{j=1}^{n} A_{ij} X_i X_j \quad (i < j) \quad (3\text{-}4)$$

式中　Y——响应值：COF、D 或 Ra；

　　　A_0——常数项；

　　　A_i、A_{ii}、A_{ij}——一次项、二次项和交叉项的系数；

　　　X——实验参数：v、F、T 或 c。

表 3-3　RSM 实验因素和水平

自变量因素	单位	水平		
		−1	0	+1
转速 v	r/min	600	1 200	1 800
实验力 F	N	196	392	588
温度 T	℃	25	50	75
浓度 c	%	1	2	3

为了保证在不同转速下四球摩擦副相对滑动的总行程一致，转速为 600 r/min、1 200 r/min 和 1 800 r/min 的组次的实验时间分别设定为 60 min、30 min 和 20 min，即保证总转数为 36 000 r。基于上述实验设计的 27 组 RSM 实验结果见表 3-4。随后的数据回归分析、二次模型拟合、3D 响应曲面分析和最优组合的获取采用了 Design Expert 11.0 软件。同时利用方差分析(Analysis of Variance，ANOVA)来评价回归分析各输入因素对结果的显著性和二次模型的拟合准确度。

表 3-4　基于 RSM 的四球摩擦学实验结果

实验次序	输入因素参数				输出结果		
	$v/(\mathrm{r/min})$	F/N	$T/℃$	$c/\%$	μ	$D/\mu\mathrm{m}$	$Ra/\mu\mathrm{m}$
1	600	196	50	2	0.130	478.667	0.535
2	1 800	196	50	2	0.104	416.667	0.474
3	600	588	50	2	0.099	694.667	0.314
4	1 800	588	50	2	0.095	687.333	0.339
5	1 200	392	25	1	0.118	675.333	0.535

表 3-4(续)

实验次序	输入因素参数				输出结果		
	$v/(\mathrm{r/min})$	F/N	$T/℃$	$c/\%$	μ	$D/\mu\mathrm{m}$	$Ra/\mu\mathrm{m}$
6	1 200	392	75	1	0.124	708.667	0.531
7	1 200	392	25	3	0.116	941.333	0.426
8	1 200	392	75	3	0.106	639.333	0.623
9	600	392	50	1	0.142	615.333	0.272
10	1 800	392	50	1	0.115	657.333	0.400
11	600	392	50	3	0.118	828.000	0.441
12	1 800	392	50	3	0.111	702.667	0.416
13	1 200	196	25	2	0.108	366.000	0.458
14	1 200	588	25	2	0.082	705.333	0.262
15	1 200	196	75	2	0.121	485.333	0.784
16	1 200	588	75	2	0.102	694.333	0.477
17	600	392	25	2	0.097	526.000	0.301
18	1 800	392	25	2	0.092	576.000	0.406
19	600	392	75	2	0.117	517.333	0.540
20	1 800	392	75	2	0.105	570.000	0.545
21	1 200	196	50	1	0.149	584.667	0.666
22	1 200	588	50	1	0.128	793.333	0.336
23	1 200	196	50	3	0.141	631.333	0.693
24	1 200	588	50	3	0.099	821.333	0.361
25	1 200	392	50	2	0.111	567.333	0.419
26	1 200	392	50	2	0.090	466.667	0.340
27	1 200	392	50	2	0.108	627.333	0.362

（2）RSM 回归模型的 ANOVA 分析

为了考察上述二次模型拟合结果的准确性，并评价各个因素对摩擦学性能参数影响的显著性，对 μ、D 和 Ra 三组实验结果分别进行了 ANOVA 分析，结果见表 3-5～表 3-7。P 值用来评价整个拟合模型和各个因素及不同因素的组合对结果影响的显著性，$P<0.05$ 时即说明输入因素对相应的实验输出结果是显著的（位于 95% 置信区间）[16]。从表中可以看出，模型的 P 值均

小于 0.05，说明该二次预测模型对于三个输出参数具有较高的显著性。同时，失拟项的 P 值分别为 0.888 7、0.800 9 和 0.308 2，远远高于 0.05，表明所选模型的拟合程度很好，预测值与实际实验结果的误差可以忽略。

表 3-5　摩擦系数 μ 回归模型的 ANOVA 分析

方差来源	平方和	均方	F 值	P 值	显著性
模型	0.006 2	0.000 4	7.35	0.000 7	显著
A-v	0.000 5	0.000 5	9.04	0.010 9	显著
B-F	0.001 8	0.001 8	30.17	0.000 1	显著
C-T	0.000 3	0.000 3	5.29	0.040 1	显著
D-c	0.000 6	0.000 6	9.95	0.008 3	显著
AB	0.000 1	0.000 1	2.00	0.182 7	
AC	0.000 0	0.000 0	0.202 5	0.660 8	
AD	0.000 1	0.000 1	1.65	0.222 8	
BC	0.000 0	0.000 0	0.202 5	0.660 8	
BD	0.000 1	0.000 1	1.82	0.202 0	
CD	0.000 1	0.000 1	1.06	0.324 0	
A^2	3.70×10^{-6}	3.70×10^{-6}	0.061 2	0.808 8	
B^2	0.000 1	0.000 1	2.17	0.166 7	
C^2	0.000 1	0.000 1	1.27	0.282 3	
D^2	0.001 8	0.001 8	30.44	0.000 1	显著
残差	0.000 7	0.000 1			
纯误差	0.000 3	0.000 1			
失拟项	0.000 5	0.000 0	0.362 9	0.888 7	不显著

表 3-6　磨斑直径 D 回归模型的 ANOVA 分析

方差来源	平方和	均方	F 值	P 值	显著性
模型	4.05×10^5	28 941.84	7.27	0.000 7	显著
A-v	208.33	208.33	0.052 3	0.822 9	
B-F	1.71×10^5	1.71×10^5	43.02	<0.000 1	显著
C-T	2 552.08	2 552.08	0.640 9	0.438 9	
D-c	23 349.51	23 349.51	5.86	0.032 2	显著

表 3-6(续)

方差来源	平方和	均方	F 值	P 值	显著性
AB	747.08	747.08	0.187 6	0.672 6	
AC	1.78	1.78	0.000 4	0.983 5	
AD	7 000.08	7 000.08	1.76	0.209 6	
BC	4 246.69	4 246.69	1.07	0.322 1	
BD	87.10	87.10	0.021 9	0.884 9	
CD	28 112.28	28 112.28	7.06	0.020 9	显著
A^2	212.98	212.98	0.053 5	0.821 0	
B^2	123.17	123.17	0.030 9	0.863 3	
C^2	594.24	594.24	0.149 2	0.706 0	
D^2	1.36×10^5	1.36×10^5	34.19	<0.000 1	显著
残差	47 782.05	3 981.84			
纯误差	13 182.46	6 591.23			
失拟项	34 599.59	3 459.96	0.524 9	0.800 9	不显著

表 3-7 磨斑表面粗糙度 *Ra* 回归模型的 ANOVA 分析

方差来源	平方和	均方	F 值	P 值	显著性
模型	0.407 5	0.029 1	7.46	0.000 6	显著
A-v	0.002 6	0.002 6	0.669 5	0.429 2	
B-F	0.192 8	0.192 8	49.44	<0.000 1	显著
C-T	0.103 0	0.103 0	26.42	0.000 2	显著
D-c	0.004 0	0.004 0	1.03	0.329 2	
AB	0.001 8	0.001 8	0.474 1	0.504 2	
AC	0.002 5	0.002 5	0.641 1	0.438 9	
AD	0.005 9	0.005 9	1.50	0.244 1	
BC	0.003 1	0.003 1	0.789 9	0.391 6	
BD	1.00×10^{-6}	1.00×10^{-6}	0.000 3	0.987 5	
CD	0.010 1	0.010 1	2.59	0.133 5	
A^2	0.004 2	0.004 2	1.07	0.322 2	
B^2	0.020 2	0.020 2	5.19	0.041 9	显著
C^2	0.038 7	0.038 7	9.93	0.008 4	显著

表 3-7(续)

方差来源	平方和	均方	F 值	P 值	显著性
D^2	0.020 3	0.020 3	5.21	0.041 5	显著
残差	0.046 8	0.003 9			
纯误差	0.003 3	0.001 7			
失拟项	0.043 5	0.004 3	2.62	0.308 2	不显著

由表 3-5 可知,A-v、B-F、C-T 和 D-c 四个因素对于摩擦系数结果均有显著的影响,二次项中的浓度的平方(D^2)也具有显著性,而各个因素的交叉项均不显著。对于磨斑直径,由表 3-6 可知,实验力、浓度是主要的影响因素,而且温度与浓度的交叉项(CD)也具有显著性。此外,实验力的 P 值小于 0.000 1,说明实验力对于磨斑直径有极强的影响。对于磨斑粗糙度,由表 3-7 可知,实验力和温度是显著影响因素,同时纳米复合流体的浓度对其产生的影响也不容忽视。

(3) 二次拟合模型及 3D 响应曲面分析

为了进一步明晰具备显著性的各项因素对摩擦学性能的具体影响,通过二次模型拟合得到了 μ、D 和 Ra 的二次回归方程:

$$\mu = (2\ 323.3 - 0.46v - 1.85F + 11.33T - 729.17c + 4.68 \times 10^{-4}v \cdot F -$$
$$1.17 \times 10^{-3}v \cdot T + 8.33 \times 10^{-2}v \cdot c + 3.57 \times 10^{-3}F \cdot T -$$
$$0.27F \cdot c - 1.6T \cdot c + 2.31 \times 10^{-5}v^2 +$$
$$1.29 \times 10^{-3}F^2 - 6.07 \times 10^{-2}T^2 + 185.83c^2) \times 10^{-4}$$

$$(3\text{-}5)$$

$$D = (345\ 001 + 126.85v + 752.12F + 6\ 987.79T - 334\ 278.1c +$$
$$0.116v \cdot F + 0.044v \cdot T - 69.722v \cdot c - 6.65F \cdot T - 23.81F \cdot c -$$
$$3\ 353.34T \cdot c - 0.018v^2 + 0.125F^2 + 16.89T^2 + 159\ 763.9c^2) \times 10^{-3}$$

$$(3\text{-}6)$$

$$Ra = (1\ 079.0 + 0.35v - 1.84F - 9.73T - 251.5c + 1.83 \times 10^{-4}v \cdot F -$$
$$1.67 \times 10^{-3}v \cdot T - 0.064v \cdot c - 5.66 \times 10^{-3}F \cdot T - 2.55 \times 10^{-3}F \cdot c +$$
$$2.01T \cdot c - 7.75 \times 10^{-5}v^2 + 1.6 \times 10^{-3}F^2 + 0.14T^2 + 61.71c^2) \times 10^{-3}$$

$$(3\text{-}7)$$

上述三个回归方程的多元相关系数 R^2 分别为 0.895 6、0.894 5 和 0.897 0。根据式(3-5),一次项中 v、F 的系数为负值,T 的系数为正值,说明纳米流体的摩擦系数 μ 随摩擦副转速和实验力的增加而减小,随温度的升高而增加。

浓度 c 的一次项系数为负值,而二次项 c^2 同时也作为显著项,其系数为正值,表明摩擦系数随浓度升高呈现出先降低后升高的趋势,即在 $1\%\sim3\%$ 范围内存在某一值为最优浓度。相似的,由式(3-6)和式(3-7)可知,四球磨斑直径 D 会随着实验力的增加而显著上升,而不显著项转速和实验力的增加也会导致磨斑直径的轻微升高;至于浓度对磨斑直径的影响,与其对摩擦系数的影响一致。对于磨斑表面粗糙度 Ra,一次项 F、T 和二次项 F^2、T^2 均为显著项,且一次项和二次项系数的正、负值相反,因此这些因素对 Ra 的影响需要借助3D 响应曲面进一步分析。

图 3-16 为各参数尤其是显著因素的相互作用与 μ、D 和 Ra 的关系的响应曲面图,底部投影曲线为相应的等高线。每张图包含两个在实验范围内的自变量,而另外两个自变量保持在中间水平("0"水平)。由图 3-16(a)和(b)可以进一步得知,较高的摩擦副转速、实验力以及较低温度的组合可以实现最低的摩擦系数。同时,纳米复合流体实现减摩作用的最优浓度约为 2.1%,与前一节的四球基础摩擦学实验结果相吻合。根据图 3-16(c)和(d),减小实验力可以显著降低钢球磨斑直径,同时减小磨损率的最优浓度约为 1.8%,小于实现减摩作用的最优浓度,这也进一步证实了纳米粒子具有作为磨损粒子从而加剧金属表面发生磨粒磨损的倾向。此外,温度作为不显著因素,对结果的影响也是不确定的,例如当浓度较低时温度与磨斑直径为正相关,浓度较高时为负相关,而浓度在最优值附近时对结果几乎没有影响。另外,由图 3-16(e)可知,对于影响 Ra 值的显著因素,较高实验力和较低温度的组合可以实现最低的 Ra,即最佳的磨损表面质量。这一结果反映了较高的实验力可以强化纳米粒子,尤其是高硬度 Al_2O_3 粒子的"抛光作用",磨平了表面凸峰和犁沟,从而降低了表面粗糙度[17-18];较低的温度可以缓和摩擦过程中金属的氧化以及与润滑流体的摩擦化学反应,减少高温摩擦产物的生成,进而抑制黏着磨损的发生,从而提高表面质量。最后,c^2 作为影响 Ra 的显著因素,从图 3-16(f)中可以看到在不同的摩擦转速条件下,最优浓度在 2% 附近轻微波动。

上述结果和分析表明,浓度为 2% 的 $MoS_2\text{-}Al_2O_3$ 纳米复合流体具备最佳的综合摩擦学性能。类比到金属轧制加工过程,基于润滑剂最优浓度,在保证轧制过程顺利进行且产品尺寸、质量和性能满足要求的前提下,同时采用较高的轧制速度和降低轧制变形区的压力,能够降低摩擦力和磨损率,减少能量和材料消耗。然而,较高的轧制力能够在一定程度上提高轧后表面质量。此外,降低磨损界面的温度可以使摩擦系数和磨损表面粗糙度同时降低。

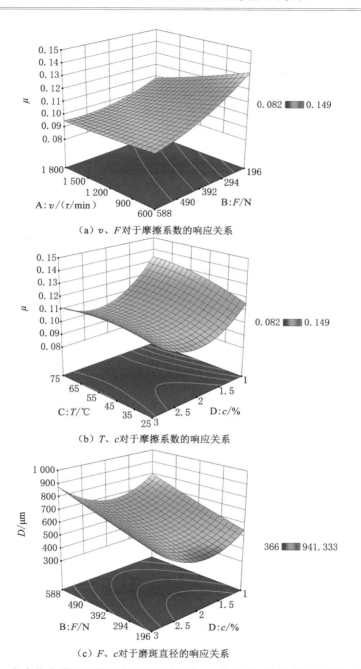

（a）v、F 对于摩擦系数的响应关系

（b）T、c 对于摩擦系数的响应关系

（c）F、c 对于磨斑直径的响应关系

图 3-16　各参数尤其是显著因素的相互作用与 μ、D 和 Ra 的关系的响应曲面图

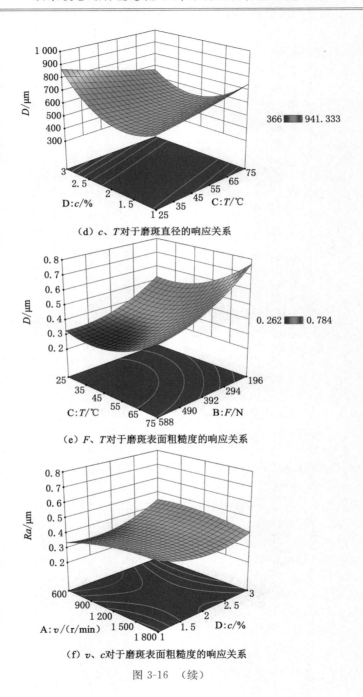

（d）c、T对于磨斑直径的响应关系

（e）F、T对于磨斑表面粗糙度的响应关系

（f）v、c对于磨斑表面粗糙度的响应关系

图 3-16 （续）

本章参考文献

［1］ ROY A K,PARK B,LEE K S,et al.Boron nitride nanosheets decorated with silver nanoparticles through mussel-inspired chemistry of dopamine ［J］.Nanotechnology,2014,25(44):445603.

［2］ JIA Z F,WANG Z Q,LIU C,et al.The synthesis and tribological properties of Ag/polydopamine nanocomposites as additives in poly-alpha-olefin［J］. Tribology international,2017,114:282-289.

［3］ SONG H J,YOU S S,JIA X H,et al.MoS$_2$ nanosheets decorated with magnetic Fe$_3$O$_4$ nanoparticles and their ultrafast adsorption for wastewater treatment［J］.Ceramics international,2015,41(10):13896-13902.

［4］ XU L Q,YANG W J,NEOH K G,et al.Dopamine-induced reduction and functionalization of graphene oxide nanosheets［J］.Macromolecules,2010,43 (20):8336-8339.

［5］ YOUNG T.An essay on the cohesion of fluids［J］.Abstracts of the papers printed in the philosophical transactions of the royal society of London,1832,1:171-172

［6］ KONG L,SUN J L,BAO Y Y,et al.Effect of TiO$_2$ nanoparticles on wettability and tribological performance of aqueous suspension［J］.Wear, 2017,376/377:786-791.

［7］ KUZNETSOV G V,FEOKTISTOV D V,ORLOVA E G,et al.Droplet state and mechanism of contact line movement on laser-textured aluminum alloy surfaces［J］.Journal of colloid and interface science,2019,553: 557-566.

［8］ 孔令辉.TiO$_2$纳米流体热传输及摩擦学行为研究［D］.北京:北京科技大学,2018.

［9］ BAIR S,QURESHI F.The generalized Newtonian fluid model and elastohydrodynamic film thickness［J］.Journal of tribology,2003,125(1): 70-75.

［10］ BRADY J F,BOSSIS G.The rheology of concentrated suspensions of spheres in simple shear flow by numerical simulation［J］.Journal of fluid mechanics,1985,155:105.

[11] 熊桑.轧制润滑添加剂在铜箔表面的吸附、减摩与缓蚀行为研究[D].北京：北京科技大学,2017.

[12] VERMA D K,KUMAR B,KAVITA,et al.Zinc oxide- and magnesium-doped zinc oxide-decorated nanocomposites of reduced graphene oxide as friction and wear modifiers[J].ACS applied materials and interfaces, 2019,11(2):2418-2430.

[13] XIONG S,SUN J L,XU Y,et al.Tribological performance and wear mechanism of compound containing S,P,and B as EP/AW additives in copper foil oil[J].Tribology transactions,2016,59(3):421-427.

[14] GANSHEIMER J,HOLINSKI R.Molybdenum disulfide in oils and greases under boundary conditions[J].Journal of lubrication technology, 1973,95(2):242-246.

[15] BOX G E P,BEHNKEN D W.Some new three level designs for the study of quantitative variables[J].Technometrics,1960,2(4):455-475.

[16] AHMAD F,ASHRAF N,ZHOU R B,et al.Optimization for silver remediation from aqueous solution by novel bacterial isolates using response surface methodology:recovery and characterization of biogenic AgNPs[J].Journal of hazardous materials,2019,380:120906.

[17] HE J Q,SUN J L,MENG Y N,et al.Preliminary investigations on the tribological performance of hexagonal boron nitride nanofluids as lubricant for steel/steel friction pairs[J].Surface topography:metrology and properties,2019,7(1):015022.

[18] WANG Y G,LI C H,ZHANG Y B,et al.Experimental evaluation on tribological performance of the wheel/workpiece interface in minimum quantity lubrication grinding with different concentrations of Al_2O_3 nanofluids[J].Journal of cleaner production,2017,142:3571-3583.

第4章　纳米流体润滑机理的实验
与分子动力学研究

　　将分子动力学模拟方法引入摩擦润滑行为研究,对于从微观原子尺度阐明纳米复合流体中不同粒子的协同减摩机理具有极大的帮助。为此,本章综合采用传统的实验方法和分子动力学模拟,对 MoS_2-Al_2O_3 纳米复合流体的润滑机理进行了探讨。

4.1　纳米复合流体的协同润滑机理

　　四球摩擦学实验研究表明,MoS_2-Al_2O_3 纳米复合流体具备优异的润滑性能,但对于其实现抗磨减摩作用的机制,尤其是两种不同纳米粒子的协同作用机理未能进行深入探究。因此,将进一步通过销-盘摩擦磨损实验,对纳米流体润滑条件下的磨损表面、磨损类型、摩擦界面化学反应以及摩擦膜结构等进行探索,进而阐明纳米复合流体的协同润滑作用机理。

4.1.1　钢-钢摩擦副磨损实验

　　钢-钢摩擦副磨损实验在 MM-W1A 型销-盘摩擦磨损实验机上进行,其工作原理如图 4-1 所示。实验所用的试样销和钢盘材质均为 45 号钢,按照设定转速旋转的试样销在一定的载荷下与下方保持静止的钢盘接触并产生滑动摩擦,详细的实验参数的设置参照标准《销-盘装置磨损试验的标准试验方法》(ASTM G99—2016)。由前面的响应曲面法研究结果可以得知,摩擦过程中加载在摩擦副的实验力对摩擦系数、磨损率以及磨损表面质量均具有显著影响。因此,轴向载荷分别设定为 100 N、200 N、300 N 和 400 N,以研究不同实验力下钢-钢摩擦副的磨损行为。试样销转速为(300±3) r/min,实验温度为(25±3) ℃,实验时间为 1 800 s。每次实验均重复三次,以排除偶然误差的影响。采用的润滑剂为最优浓度（2%）下的 MoS_2-Al_2O_3 纳米复合流体和作为实验对照组的基础液。钢盘的内、外径分别为 16 mm 和 32 mm，试样销与钢盘接触端的直径为 9.5 mm，试样销运动的回转直径（即磨痕中心圆的直径）约为 24 mm。磨损实验前，依次采用 600 目、1 000 目、1 500 目和 2 000 目的砂纸对摩擦副表面进行打磨，以保证不同实验组试样的原始表面粗糙度相同。采集了磨损过程的摩擦系数 μ 随时间的变化曲线，并根据实验前后钢盘的质量损失，进一步按照式(4-1)计算即可得到磨损率 W_r：

$$W_r = \frac{\Delta W}{\rho l N} \tag{4-1}$$

式中 ΔW——钢盘试样的磨损质量损失，mg；

  ρ——摩擦副材料的密度，7.85 g/cm³；

  l——摩擦副接触点运动的总行程，m；

  N——施加于钢盘的轴向载荷，N。

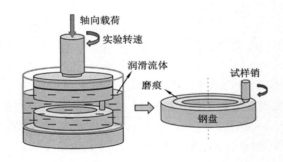

图 4-1 MM-W1A 型销-盘摩擦磨损实验机工作原理示意图

（1）磨损实验结果分析

浓度 2% 的 MoS_2-Al_2O_3 纳米复合流体润滑条件下，钢-钢摩擦副在不同实验载荷下的摩擦系数曲线如图 4-2(a)所示，并与基础液润滑条件下摩擦副在 100 N 时的磨损特性进行对照。从图中可以得知，不同载荷下纳米流体的摩擦系数曲线大致可分为两个阶段：摩擦系数波动较明显的"'跑合'阶段(0～600 s)"和相对平稳的"稳定磨损阶段(600～1 800 s)"。而对于基础液，摩擦系数全程都出现显著的波动。在稳定磨损阶段，纳米流体润滑时摩擦副的摩擦系数介于 0.05～0.12 之间，不同实验力下均明显低于基础液润滑的情况(0.16～0.18)。结合图 4-2(b)中稳定磨损阶段的平均摩擦系数 μ 和磨损率

W_r 进行进一步分析。对于纳米流体润滑,随着实验载荷的增加,两者均表现出先降低后回升的趋势。μ 和 W_r 分别在 400 N 和 300 N 时达到最低,但磨损率在 200 N 后回升的幅度较小。此外,基础液润滑下摩擦副的摩擦系数和磨损率均较高。

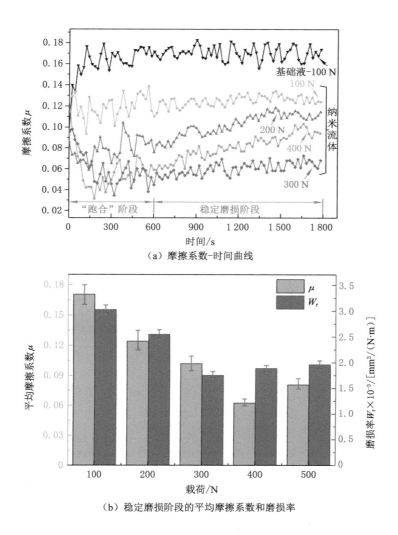

（a）摩擦系数-时间曲线

（b）稳定磨损阶段的平均摩擦系数和磨损率

图 4-2　不同载荷下钢-钢摩擦副磨损实验结果

（2）磨损表面形貌

对于上述纳米流体润滑条件下磨损特性随载荷变化的机制,将结合磨损表面分析进行深入探讨和阐述。不同实验条件下钢盘磨损表面的 2D、3D 形貌以及垂直于磨痕方向($Y = 640~\mu m$)的轮廓曲线如图 4-3 所示,同时图中列出了相应的平均线粗糙度 Ra 值。随着磨损实验的实验力从 100 N 逐渐提高至 400 N,磨痕宽度的变化不明显,约为 750 μm,但是磨痕的深度有极其显著的升高,从平均 7 μm 逐渐加深至大约 10 μm、15 μm 和 25 μm。磨损表面的 Ra 值持续降低。由图 4-3(a)可以发现,当实验载荷较低仅为 100 N 时,表面存在着大量深浅和宽度不一的犁沟及凸峰,Ra 值高达 1.79 μm。随后,虽然磨痕变深,但表面质量有一定的改善。尤其当实验力达到 400 N 时,如图 4-3(d)所示,磨痕区域较为平坦,沟槽和凸起明显变得浅且稀疏。

结合磨损实验和磨损表面分析结果,随着磨损实验载荷的增加,摩擦系数起初的持续降低是由于两部分的原因:首先,纳米流体润滑下金属摩擦副间的摩擦磨损主要来源于表面微凸体的接触和相对运动,而压力的增加会引起金属表面尤其是微凸体的塑性变形,使摩擦副的接触面积增加[1],降低局部的高应力,从而降低摩擦磨损;其次,这也验证了前文所述的 Al_2O_3 粒子的"抛光"机制在高压力下更加显著,同时 MoS_2 粒子会吸附在金属表面甚至发生摩擦化学反应,生成摩擦保护膜。图 4-2(a)中摩擦系数曲线稳定磨损阶段的出现也可以反映摩擦膜的形成,有利于摩擦力和磨损率的降低以及磨损过程的稳定进行。此外,由磨痕深度从 300 N 到 400 N 时的急剧增加,可以判断平均摩擦系数的回升在一定程度上是由于在较高的正压力下,纳米粒子易于团聚并与表面的其他磨损微粒一同通过"第三体"磨损形式加剧了摩擦副间的摩擦磨损[2]。

（3）润滑膜厚度与润滑状态分析

在不同润滑条件下,润滑剂在摩擦副金属表面会形成不同的润滑膜,从而影响实际润滑状态。根据 Hamrock-Dowson 润滑膜厚度公式[3],可以计算钢-钢摩擦过程形成的润滑膜的中心厚度 h_c 和最小厚度 h_{min}:

$$h_c = 2.69 R_x \cdot U^{0.67} \cdot G^{0.53} \cdot W^{-0.067} \cdot (1 - 0.61 e^{-0.73k}) \qquad (4-2)$$

$$h_{min} = 3.63 R_x \cdot U^{0.68} \cdot G^{0.49} \cdot W^{-0.073} \cdot (1 - e^{-0.68k}) \qquad (4-3)$$

式中　R_x——摩擦副销试样接触端半径,m;

　　　U——无量纲速度参数;

　　　G——无量纲材料性能参数;

　　　W——无量纲载荷参数;

　　　k——无量纲椭圆参数,其值为 1.03。

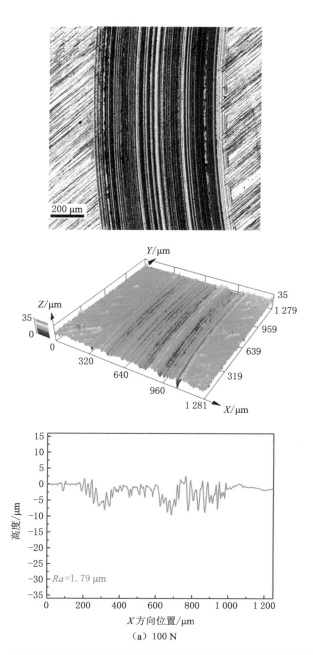

（a）100 N

图 4-3　不同实验载荷下纳米复合流体润滑的钢盘磨损表面形貌及轮廓曲线

200 μm

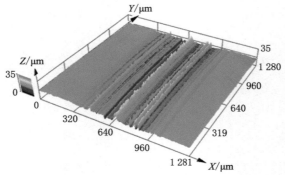

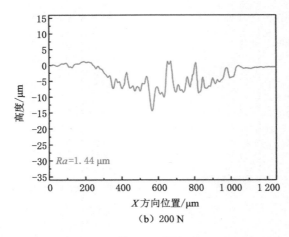

（b）200 N

图 4-3 （续）

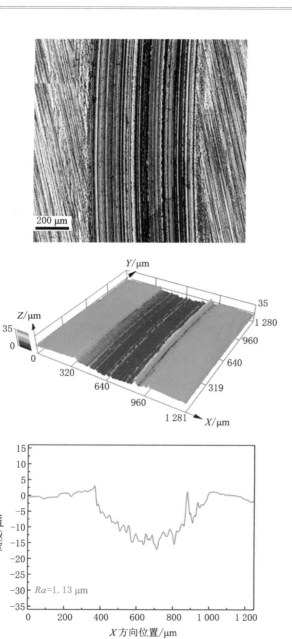

（c）300 N

图 4-3 （续）

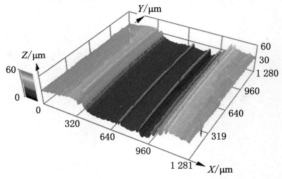

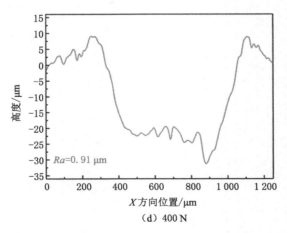

（d）400 N

图 4-3 （续）

考虑到实际的销-盘磨损实验过程,式(4-2)和式(4-3)中的部分无量纲参数可根据下面的公式依次得到:

$$U = \frac{\eta u}{E' R_x} \tag{4-4}$$

$$u = n \pi R_r \tag{4-5}$$

$$G = \alpha E' \tag{4-6}$$

$$E' = \frac{E}{1 - \nu^2} \tag{4-7}$$

$$W = \frac{L}{E' R_x^2} \tag{4-8}$$

式中　η——润滑剂的动力黏度,N・s/m²;

　　　u——摩擦副销和盘的平均线速度,m/s;

　　　E'——摩擦副用钢的等效弹性模量,GPa;

　　　α——润滑剂的黏压系数,其值为 1.0 GPa⁻¹;

　　　n——磨损实验的转速,r/s;

　　　R_r——试样销的回转半径,m;

　　　E——摩擦副用钢的弹性模量,其值为 210 GPa;

　　　ν——摩擦副用钢的泊松比,其值为 0.269;

　　　L——磨损实验载荷,N。

在得到理论润滑膜厚度的基础上,可进一步计算膜厚比 λ,即润滑膜中心厚度 h_c 与摩擦副的综合表面粗糙度 R 的比值:

$$\lambda = \frac{h_c}{R} \tag{4-9}$$

$$R = \sqrt{R_1^2 + R_2^2} \tag{4-10}$$

式中　R_1——试样销的表面粗糙度,μm;

　　　R_2——钢盘磨痕的表面粗糙度,μm。

根据计算得到的 λ 值可以判定润滑状态[4]:当 $\lambda < 1$ 时,为边界润滑状态;当 $1 < \lambda < 3$ 时,为混合润滑状态;当 $\lambda > 3$ 时,为流体润滑状态。计算得到了纳米流体及基础液润滑时摩擦副在不同实验力下的润滑膜厚度及膜厚比,结果见表 4-1。

表 4-1 不同润滑条件下的润滑膜厚度及润滑状态判定参数

实验条件	h_c/nm	$h_{\min}/\text{nm}$	$R_1/\mu m$	$R_2/\mu m$	λ	润滑状态
基础液-100 N	19.64	2.71	0.86	2.35	0.008	边界润滑
纳米流体-100 N	41.26	5.77	0.72	1.79	0.021	边界润滑
纳米流体-200 N	39.39	5.49	0.65	1.44	0.025	边界润滑
纳米流体-300 N	38.33	5.33	0.59	1.13	0.030	边界润滑
纳米流体-400 N	37.60	5.22	0.55	0.91	0.035	边界润滑

$MoS_2\text{-}Al_2O_3$ 纳米复合流体和基础液形成的润滑膜的厚度远远低于磨损表面的粗糙度 Ra 值,所以在上述不同润滑条件和实验载荷下,钢-钢摩擦副均处于边界润滑状态。基础液形成的润滑膜显著低于纳米流体,这是由于纳米粒子的加入提高了流体的黏度,从而提高了成膜能力[5-6]。另外,h_c 和 $h_{\min}$ 也都小于纳米粒子的平均粒径(144.8 nm),说明润滑膜未能完全包覆纳米粒子,部分区域存在纳米粒子与金属表面的直接接触和卡咬。因此,纳米流体润滑条件下,摩擦过程的载荷和摩擦力除了由润滑剂形成的薄膜承载以及相互接触的表面微凸体承载外,另一部分由纳米粒子直接承载,即纳米粒子能够有效阻碍摩擦表面的直接接触,从而缓和金属材料的磨损。随着实验力的增加,纳米流体形成的润滑膜厚度略微降低,但由于表面粗糙度减小的幅度较明显,因此 λ 有显著的上升,表明虽然仍处于边界润滑状态,但具有向混合润滑状态转化的趋势,润滑膜的承载作用逐渐凸显。

4.1.2 摩擦界面化学过程

为深入研究磨损实验过程中纳米复合流体的润滑机理,综合采用多种方法对摩擦界面的形貌、化学成分和结构进行表征。样品为纳米复合流体润滑条件下,在 300 N 实验力下进行磨损实验后的钢盘。如图 4-4 所示,首先,一半的磨损表面使用无水乙醇清洗,另一半不做处理以保存完整的磨损层;然后,将环氧树脂滴加到部分清洗后的磨痕区域,来固定和保护表面的化学物质和结构,随后对试样进行切割,对样品截面进行抛光处理;最后,对磨损表面区域进行分析。未清洗的样品用于磨损层形貌和结构表征,清洗过的样品表面用于 XPS 化学分析和摩擦膜的 TEM 表征。

(1) 磨损层化学分析

磨损钢盘表面的磨痕区域,沿横截面方向的 SEM 形貌图以及相关联的

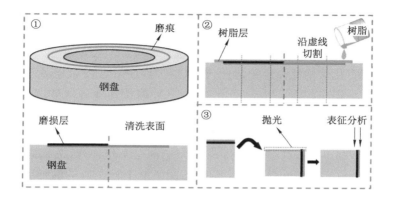

图 4-4 磨损界面表征样品制备过程

EDS 面扫描结果如图 4-5 所示。由图 4-5(a)可以清晰地发现,在钢盘表面和树脂保护层的界面处,存在着厚度不均匀的磨损层。磨损层中含有大量的固体碎屑、裂纹和划痕,其厚度分布为 5～18 μm。进一步结合图 4-5(b)所示的 EDS 结果可以得知,磨损层的主要成分为含 Fe 的磨损粒子以及沉积吸附在表面的 MoS_2 和 Al_2O_3 粒子。其中,Mo 和 S 元素在磨损层中的分布比 Al 元素的更加均匀,这说明 MoS_2 更易于在金属表面铺展,甚至发生摩擦化学反应,从而形成润滑保护膜,而 Al_2O_3 粒子的铺展性能相对较差。此外,Fe 元素的出现表明在摩擦过程中出现了试样销和钢盘表面金属的氧化以及向磨损层的转移。

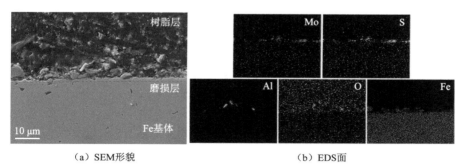

(a) SEM形貌　　　　　　　　　　(b) EDS面

图 4-5　300 N 实验力条件下采用纳米复合流体润滑的钢盘磨损层

（2）界面摩擦化学反应

XPS 化学分析可以协助我们进一步地明晰 MoS_2-Al_2O_3 纳米复合流体和摩擦副的接触界面处发生的摩擦化学反应，结果如图 4-6 所示。Al 2p 谱图中仅存在位于结合能 74.2 eV 的特征峰，代表着化合物 Al_2O_3，这说明 Al_2O_3 纳米粒子由于有化学惰性和热稳定性，在摩擦过程中未与表面金属发生化学反应。Mo 3d 谱图中位于 229.2 eV 和 232.4 eV 的特征峰分别对应着 Mo^{4+} 的 $3d_{5/2}$ 和 $3d_{3/2}$ 轨道，表明摩擦界面出现了一定量的化合物 MoS_2，同时 S 2p 谱图中位于 162.6 eV 和 163.8 eV 的特征峰也与 MoS_2 相关联。Fe 2p 谱图可以分解成位于 711.0 eV、713.3 eV 和 724.7 eV 的三个特征峰，分别对应化合物 Fe_3O_4、$Fe_2(SO_4)_3$ 和 Fe_2O_3，并且 S 2p 谱图中位于 168.6 eV 的特征峰也证实了摩擦界面处新化合物 $Fe_2(SO_4)_3$ 的生成。

MoS_2-Al_2O_3 纳米粒子与摩擦副金属的摩擦化学反应主要可总结为两部分。

① 摩擦过程中摩擦副表面凸峰的接触点存在着极高的局部温度和压力，产生的大量摩擦热和塑性变形足以使 MoS_2 与 Fe 以及环境中的 O_2 和 H_2O 发生如式(4-11)所列的化学反应：

$$8Fe + 6MoS_2 + 33O_2 == 4Fe_2(SO_4)_3 + 6MoO_3 \qquad (4-11)$$

部分 MoS_2 粒子转化为具有相似层状结构的化合物 MoO_3[7]，同时粒子中的 S 元素与钢盘中的 Fe 反应形成了铁-硫-氧化合物 $Fe_2(SO_4)_3$。然而，在 Mo 3d 轨道的 XPS 谱图中没有发现明显反映 MoO_3 存在的 Mo^{6+} 特征峰，这是由于生成的 MoO_3 粒子与钢表面的相互作用力较微弱，因此大量的粒子在后续的表面清洗和样品制备过程中脱落，而残余的量不足以对 XPS 结果产生影响。

② 在摩擦界面处发生摩擦-氧化过程，形成了铁氧化物 Fe_3O_4 和 Fe_2O_3。通过对 Fe 2p 谱图的半定量计算，三种化合物 $Fe_2(SO_4)_3$、Fe_3O_4 和 Fe_2O_3 的物质的量分数分别为 32.6%、28.5% 和 38.9%。这些化合物的出现促进了界面摩擦膜的形成，在一定程度上缓和了金属表面的进一步磨损。

4.1.3　摩擦膜结构及协同润滑机理探讨

为了进一步揭示表面摩擦膜的形貌和结构，采用聚焦离子束(FIB)对磨损界面进行切割并通过 HRTEM 对样品进行了表征。由图 4-7(a) 的 HRTEM 形貌图可以看出，在摩擦表面生成了清晰的双层结构的摩擦膜，分别为物理吸附膜和化学反应层，平均厚度约为 23 nm。图中的区域Ⅰ即为均匀致密的物理吸附膜，厚度约为 16 nm，覆盖在整个摩擦副表面。这一吸附膜的厚度比油基

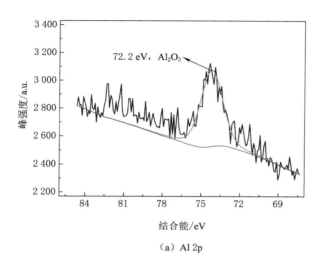

（a）Al 2p

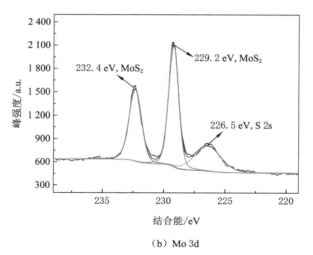

（b）Mo 3d

图 4-6　300 N 实验力下纳米复合流体润滑的钢盘磨损表面的 XPS 分析谱图

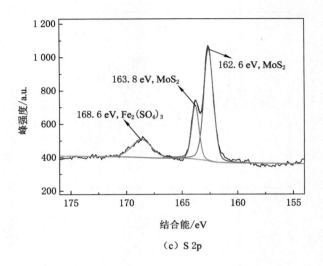

（c）S 2p

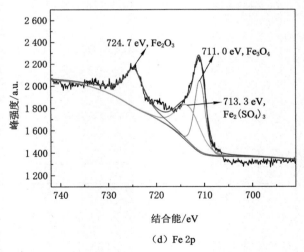

（d）Fe 2p

图 4-6 （续）

纳米流体的要薄,这是因为水基流体的黏度较低,且其中含有的有机分子较少,导致水基纳米流体的成膜性能略低。Fe 基体中出现了深颜色的区域(区域Ⅱ),初步分析为化学反应层。图 4-7(b)和(c)所示分别为区域Ⅰ和Ⅱ的 SAED 图案,以及图 4-7(d)整个区域的 EDS 面扫描结果。区域Ⅰ的衍射图案为明显的非晶物质衍射环伴随着规则的衍射斑点,这些衍射斑点与 α-Al_2O_3 的(012)、(110)和($10\bar{2}$)晶面相匹配[8]。由 EDS 结果可以发现,在吸附膜中有 Al、Mo 和 S 元素的分布,因此可以推断位于反应层顶部的物理吸附膜由来自于纳米流体的有机分子以及纳米尺度的 Al_2O_3 和 MoS_2 碎屑构成。同时,这三种元素的分布情况不一致,说明在局部高剪切力、正压力和温度下,部分 MoS_2-Al_2O_3 纳米复合粒子分解为单独的 MoS_2 和 Al_2O_3 粒子,来实现润滑作用。这些细小的纳米粒子易嵌入在吸附膜的顶部[9],即图 4-7(b)区域Ⅰ顶部的深色多孔部分。进一步,图 4-7(c)区域Ⅱ的衍射斑点较为复杂,对应 Fe_3O_4 的($1\bar{1}1$)、(311)、(220)晶面(JCPDS♯26-1136)和 $Fe_2(SO_4)_3$ 的($2\bar{1}1$)、(214)、(023)晶面(JCPDS♯33-0679)。尽管衍射图案中没有与 MoS_2 和 MoO_3 相关的衍射斑点,但 EDS 结果以及前文的 XPS 分析可以证实这两种物质的出现。金属表面形成的物理吸附膜和化学反应层有效地阻止了摩擦过程中的持续磨损、氧化以及腐蚀过程,降低了材料磨损率且提高了表面质量。

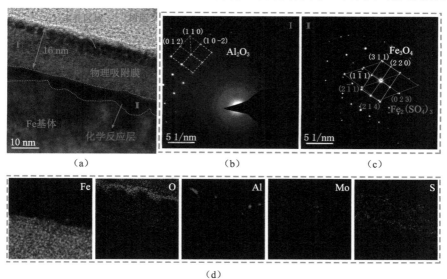

图 4-7　磨损钢盘表面摩擦膜的 HRTEM 形貌图、区域Ⅰ和区域Ⅱ的 SAED
衍射结果以及整个区域的 EDS 面扫描结果

　　基于上述的实验结果和分析,MoS_2-Al_2O_3 纳米复合流体优异的协同减摩性能与摩擦界面处的复杂的物理和化学过程息息相关,相应的机理示意图如图 4-8 所示。纳米粒子实现润滑作用时润滑状态通常为边界润滑或者混合润滑状态[10],即存在金属表面间的微凸体的直接接触,如图 4-8(a)中的区域Ⅰ所示。协同减摩机理可总结为以下四部分:首先,如图 4-8 中的区域Ⅱ所示,当纳米粒子被约束于表面之间且被施加一定的压力和剪切力时,球形的 Al_2O_3 粒子会在摩擦副之间滚动,起到类似于滚珠轴承的作用,将局部的滑动摩擦转化为滚动摩擦,从而降低摩擦力,即"滚珠轴承"效应;由于 MoS_2 粒子片层间的剪切抗力非常低,在剪切力作用下会出现层间滑移,金属间的部分摩擦会被纳米片层的内摩擦替代[11]。其次,这些细小的粒子会沉积和吸附在表面凹陷处,修复裂纹、犁沟、孔洞等表面缺陷(区域Ⅲ),提高表面质量,即"自修复"效应。当基体的磨损速率和自修复速率达到动态平衡时,材料的磨损率会保持稳定甚至降低[12]。再次,表面的凸峰能够被纳米粒子削弱磨平,即"抛光"机制(区域Ⅳ),降低表面粗糙度和局部高应力,抑制材料磨损,并且这一效应会随着正压力的提高而增强。最后,部分纳米复合粒子仍保持一个整体(区域Ⅴ),这些粒子也会通过上述机制实现润滑作用。

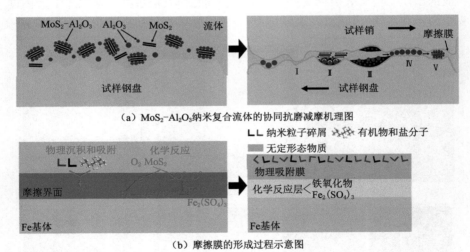

（a）MoS_2-Al_2O_3纳米复合流体的协同抗磨减摩机理图

（b）摩擦膜的形成过程示意图

图 4-8　MoS_2-Al_2O_2 纳米复合流体的协同抗磨减摩机理和摩擦膜的形成过程

　　由于摩擦界面的化学过程,金属表面形成了由物理吸附膜和化学反应层构成的双层摩擦膜,如图 4-8(b)所示。纳米复合流体中的有机分子、复合物盐以及细小的粒子沉积吸附在表面,形成了由无定形态物质以及 Al_2O_3 和 MoS_2 晶体组成的致密吸附膜,这些细小的晶体存在于吸附膜的最顶部。借助摩擦过程的能量,这些物质牢固连接在金属表面,即"摩擦-烧结"过程。物理吸附膜的存在能够明显阻止摩擦副金属的直接接触,缓和摩擦磨损过程。此外,Fe 原子与 O_2、H_2O 和 MoS_2 反应形成了由铁氧化物(Fe_3O_4、Fe_2O_3)和 $Fe_2(SO_4)_3$ 组成的、位于物理吸附膜底部的化学反应层。这些氧化物比纯 Fe 基体具有更高的力学性能,从而提高了表面耐磨性;而 $Fe_2(SO_4)_3$ 具备一定的自润滑作用,能够进一步降低摩擦力和金属的磨损率。

4.2　纳米流体润滑过程的非平衡分子动力学模拟

为了进一步从微观角度揭示纳米粒子作为润滑剂的作用机理,并为传统的实验方法和结果提供理论支持,本节采用非平衡分子动力学模拟方法,重现了纳米粒子在钢-钢摩擦副表面的摩擦学行为。随后,通过对纳米粒子的微观运动形式以及摩擦过程中原子扩散过程进行预测和分析,从原子和分子尺度阐述 MoS_2 和 Al_2O_3 纳米粒子的协同抗磨减摩机理。

4.2.1　分子动力学模型构建和参数设置

通常,在边界润滑或混合润滑状态下,摩擦副的接触区并没有充足的流体以阻止金属表面的相互接触[13],且本研究重点考察两种纳米粒子及其协同作用对摩擦过程的影响,因此在后续分子动力学模拟过程中不考虑流体分子的作用。基于上述分析,综合考虑模拟体系的总尺寸、合理性和准确性,构建的三个分子动力学模型如图 4-9 所示,分别包含 MoS_2 粒子(Model-M)、Al_2O_3 粒子(Model-A)和 MoS_2-Al_2O_3 复合粒子(Model-MA)。上、下摩擦副为各包含 6 974 个原子的 Fe 表面,沿 x、y 和 z 方向的尺寸为 100 Å×60 Å×15 Å,不同的纳米粒子被约束在两个表面之间。在 Model-M 中含有 4 层单层的 MoS_2 纳米片,每一层的尺寸为 57.5 Å×30.1 Å×4.1 Å[图 4-9(a)];Model-A 中的球形 Al_2O_3 纳米粒子的直径为 25 Å[图 4-9(b)];在 Model-MA 中,为保证纳米粒子的总浓度一致,MoS_2 和 Al_2O_3 粒子的体积均减半,即包含两层 MoS_2 纳米片和直径为 20 Å 的 Al_2O_3 粒子[图 4-9(c)]。

模型体系的总尺寸为 100 Å×60 Å×64 Å,分别包含 16 575、15 442 和 15 750 个原子,在 x 和 y 方向上施加了周期性边界条件。Fe 层划分为了 6 个部分:原子位置固定的用以传递压力和剪切力的刚性层(1 和 6),控制体系温

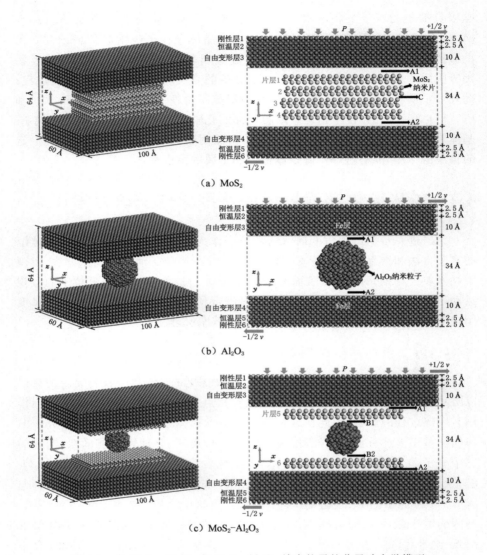

图 4-9　含 MoS_2、Al_2O_3 和 MoS_2-Al_2O_3 纳米粒子的分子动力学模型

度的恒温层（2 和 5）以及自由变形层（3 和 4）。控温方式采用 Nose-Hoover 恒温器[14]，施加在恒温层上，保持体系的温度为 298 K，热阻尼参数为 10 ps[-1]。自由变形层的原子可以在摩擦过程的相互作用力下自由移动。图 中的 A1、A2 标记分别代表 MoS_2 片层与金属上、下表面的接触界面；B1、B2

分别代表 Al_2O_3 粒子与上、下表面的接触界面；C 代表 MoS_2 片层沿 z 方向的中心区域。

分子动力学模型中势函数的选择极其重要。本研究选用金属体系最适用的嵌入原子势（EAM 势）表征金属原子间（Fe-Fe、Mo-Mo、Al-Al 和 Fe-Mo-Al）的相互作用[15]。由于金属表面和纳米粒子间的分子间作用力是导致黏着磨损的主要微观原因，因而选用精度较高的 12-6 Lennard-Jones 势函数（L-J 势）描述原子间的非键相互作用[16]。原子 i 和 j 之间的 L-J 势能 $[E(r_{ij})]$ 可由式（4-12）得出：

$$E(r_{ij}) = 4\varepsilon \left[\left(\frac{\sigma_{ij}}{r_{ij}} \right)^{12} - \left(\frac{\sigma_{ij}}{r_{ij}} \right)^{6} \right] \tag{4-12}$$

式中　ε——势阱深度，eV；

　　　σ_{ij}——i 和 j 原子间的势能为 0 时的距离，Å；

　　　r_{ij}——i 和 j 原子的实际距离，Å。

本研究所涉及的 L-J 势的相关参数列于表 4-2。

表 4-2　原子间非键相互作用的 L-J 势参数

原子相互作用	ε/eV	$\sigma_{ij}/Å$	原子相互作用	ε/eV	$\sigma_{ij}/Å$
Fe-O	0.062 37	2.640 5	S-S	0.013 86	3.13
Mo-O	0.004 00	2.93	Mo-S	0.024 89	3.157
S-O	0.008 84	3.37	O-O	0.007 38	2.96
Al-O	0.172 82	1.777 3	Al-S	0.016 13	4.261
Fe-S	0.002 58	3.428			

摩擦过程的分子动力学模拟分为三个步骤进行。首先，上述三组模型在 298 K 下，采用巨正则系综（NVT）进行 200 ps 的弛豫，使体系的能量和结构进入相对稳定的平衡状态。这一过程采用 Langevin 恒温器来保持恒温层的温度稳定，热阻尼参数仍为 10 ps^{-1}。随后，在系统的顶部施加 100 MPa 的压力并进行 200 ps 的弛豫使体系平衡。最后，在沿 x 方向的剪切力作用下，上、下固定层（即 1 和 6）按照相反的方向运动，相对速度为 0.5 Å/ps，这一过程即为约束剪切过程。加压和剪切过程采用了微正则系综（NVE）。约束剪切模拟过程总时长为 1 000 ps，总滑动距离为 500 Å，步长为 1 fs。上述的所有模拟过程均采用 MedeA 软件的 LAMMPS 模块进行。对整个约束剪切过程中 Fe 表面层受到的正压力、剪切力、系统的温度分布以及原子的运动轨迹和位

移进行了记录,用于后续的摩擦学行为分析。

4.2.2　基于分子动力学模拟的摩擦学行为

图 4-10 所示为三个模拟体系的瞬时摩擦力随系统滑动距离的变化曲线及摩擦力的平均值。从图中可以得知,所有的摩擦力曲线都在一个稳定的值附近振荡。含 MoS_2-Al_2O_3 复合粒子的体系具有极低的摩擦力,平均摩擦力相对仅含 MoS_2 或 Al_2O_3 粒子体系分别降低了 57.1% 和 71.9%,表明两种纳米粒子共同作用实现了优异的协同润滑性能。由图 4-10(c)可以发现,Model-MA 的摩擦力曲线的振荡幅度最小,说明协同润滑体系具有最佳的稳定性。值得注意的是,Model-M 和 Model-A 的摩擦力曲线呈现出截然不同的振荡方式。前者的摩擦力先逐渐上升,在体系滑动 150 Å 后显著下降并在 250 Å 时达到最低,然而随后继续增加到较高的水平;后者的摩擦力变化呈现出明显的周期性波动。

为了解释上述现象出现的原因,对摩擦过程中刚性层受到的沿 z 方向的压力进行了研究,结果如图 4-11 所示。三个体系的平均压力大小顺序与摩擦力一致,即 Model-A＞Model-M＞Model-MA。其中,Model-A 体系压力曲线的振荡情况极其剧烈,且与摩擦力的变化有很强的关联。由于球形 Al_2O_3 粒子具有远高于钢板表面的硬度,因此在压力作用下会嵌入较软的 Fe 基板。在随后的约束剪切过程中,球形的粒子也会出现滚动或滑动运动,经历周期性的"嵌入-挤出-再嵌入"过程,从而导致体系正压力和摩擦力的周期性振荡,关于纳米粒子的运动方式将在后续部分详细讨论。而对于 Model-M 和 Model-MA 体系,如图 4-11(a)和(c)所示,压力没有出现振荡或者幅度很轻微。这一现象反映出柔软易形变的 MoS_2 纳米片层能够分担一部分摩擦力和法向压力,因而传递到 Fe 表面的应力的变化幅度不显著。

在金属相对滑动过程中,运动表面的接触会导致严重的摩擦和黏着,大约 60% 的动能会以摩擦热的形式散失,尤其在纳米粒子与金属的界面处[17],因此摩擦体系的温度分布对于研究纳米粒子的润滑行为非常重要。

图 4-12 为不同体系在 1 000 ps(滑动位移 500 Å)时沿 z 方向的温度分布,其中的坐标原点为模型 z 方向的中心,正值表示靠近顶部 Fe 层的位置。如图 4-12(b)所示,当仅采用 Al_2O_3 粒子作为润滑剂时,在粒子与 Fe 表面的界面处(A1 和 A2)出现了高达 750 K 的尖峰,说明该处的摩擦较为剧烈。Gattinoni 等[18]的相关研究发现滑动摩擦系统的预期温度分布曲线为在中心有最高值的抛物线形。而在本研究中,Al_2O_3 粒子内部(-13～13 Å)的温度

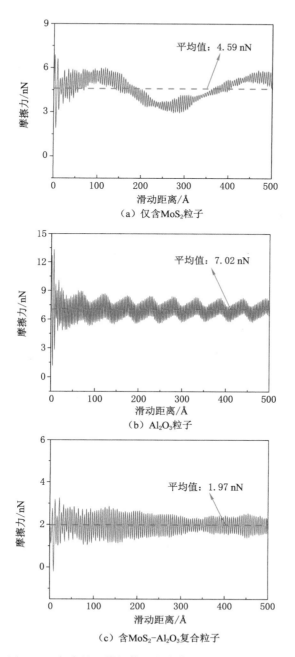

（a）仅含MoS₂粒子

（b）Al₂O₃粒子

（c）含MoS₂-Al₂O₃复合粒子

图 4-10　复合粒子模拟体系的摩擦力随滑动位移的变化

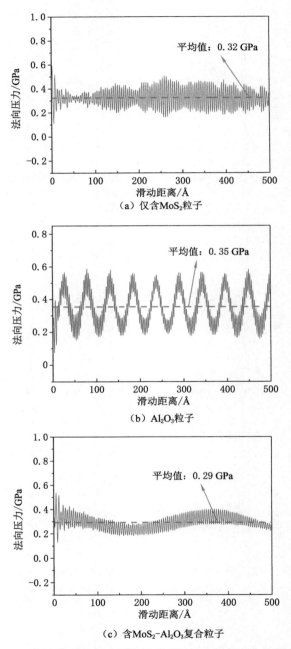

（a）仅含MoS₂粒子

（b）Al₂O₃粒子

（c）含MoS₂-Al₂O₃复合粒子

图 4-11　复合粒子体系中刚性层受到的压力随滑动位移的变化

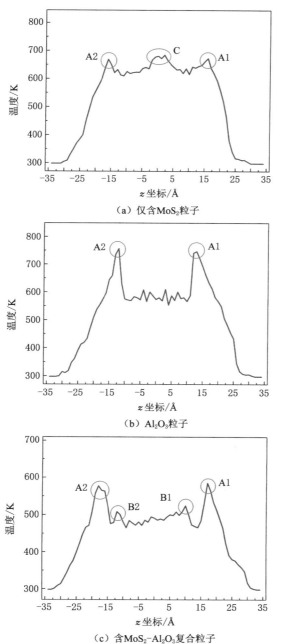

（a）仅含MoS$_2$粒子

（b）Al$_2$O$_3$粒子

（c）含MoS$_2$-Al$_2$O$_3$复合粒子

图 4-12　复合粒子体系在 1 000 ps 时沿 z 方向的温度分布

分布非常均匀且较低,约为 600 K。这是因为 Al_2O_3 极高的热导率促进了摩擦热的均匀分布。对于仅含 MoS_2 的体系,如图 4-12(a)所示,A1 和 A2 处的温度显著降低,表明该体系的摩擦程度较为温和。此外,体系中心位置(C)出现了温度峰值,这是 MoS_2 片层间的内摩擦热累积造成的,反映了 MoS_2 的润滑作用能够通过层间滑移实现。对于含复合粒子的摩擦体系[图 4-12(c)],各个位置的温度均低于 600 K。B1 和 B2 处的峰值表明层状 MoS_2 与球状 Al_2O_3 粒子之间也出现了摩擦,这一行为显著分担了滑动过程中作用在 Fe 表面的摩擦力。

4.2.3　不同体系中纳米粒子的微观运动模式

本部分将通过研究和分析纳米颗粒在摩擦表面间的运动,进一步揭示 MoS_2 和 Al_2O_3 纳米粒子的协同润滑效应。图 4-13 为三个摩擦体系在初始阶段(0 ps)、滑动 125 Å(250 ps)和最终阶段(1 000 ps)的状态图,图中被标记为绿色的原子用来观察运动情况。Al_2O_3 粒子绕 y 轴的旋转角度,以及 Al_2O_3 和 MoS_2 的质心相对于顶部 Fe 层平移的位移随体系滑动距离的变化如图 4-14 所示,数值增加表示纳米粒子的旋转或平移与顶部 Fe 层移动方向相同,反之方向相反。图中的紫色虚线表示 Al_2O_3 粒子进行"无滑动"滚动时的理想转动角度值,即 Fe 基板的滑动速度等于粒子线速度,且此时的相对位移应为 0。为衡量摩擦过程中 Al_2O_3 的运动模式,在此提出了一个新参数"滚动/滑动系数(K_{rs})":

$$K_{rs} = \frac{\pi\alpha D_n}{360 \cdot L_n} \qquad (4-13)$$

式中　α——纳米粒子滚动运动的角位移,(°);

　　　D_n——纳米粒子的直径,Å;

　　　L_n——金属层滑动的距离,Å。

当 K_{rs} 的值为 0 或 1 时,分别表示纳米粒子为纯滑动或纯滚动运动。

从图 4-13(a)中 Al_2O_3 的运动过程可以直观地发现,纳米粒子阻止了摩擦表面的直接接触并发生稳定的滚动运动,实现了润滑作用。同时,随着摩擦过程的进行,球形纳米粒子出现了微量的变形。结合图 4-14(a),体系滑动的前 150 Å 中,Al_2O_3 粒子的滚动运动占据主导地位,伴随着轻微的滑动运动,这种滚动和滑动共存的情况与 Joly-Pottuz 等[19]的研究一致。此后随着摩擦过程的进行,粒子与 Fe 基体相对位移变化曲线的斜率显著增大,旋转角度曲线逐渐变平缓,说明滑动运动越来越显著。此过程的 K_{rs} 值为 0.51,即 Al_2O_3

单独存在时其在摩擦副间的运动由 51％的滚动和 49％的滑动组成。通过比较和分析图 4-13(a)中 Model-A 在 250 ps 和 1 000 ps 时的静态图,发现在界面处有一定量的 Fe 原子黏附到了纳米粒子上,这可能是纳米粒子的滚动运动被抑制的主要原因。此外,球形 Al_2O_3 的变形也导致了上述现象的出现。

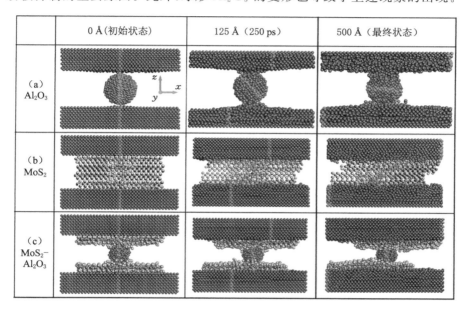

图 4-13　含有 Al_2O_3、MoS_2 和 MoS_2-Al_2O_3 纳米粒子的
摩擦体系在不同模拟时刻的静态快照

　　层状 MoS_2 粒子在摩擦过程的运动情况完全不同,如图 4-13(b)所示,其运动模式为层间滑移。由于片层间的剪切强度非常低,因此系统的摩擦力下降。结合图 4-14(b),在压力和剪切力作用下,MoS_2 纳米粒子顶部的片层 1 和 2 与底部的片层 3 和 4 按照相反的方向滑动,同时沿相同方向滑移的片层间也出现了明显的相对位移。系统 Model-M 中的摩擦力包含两部分:Fe 表面与 MoS_2 的摩擦力和 MoS_2 片层间的内摩擦。经计算,当 Fe 表面的滑动距离达到最终的 500 Å 时,最顶部和最底部 MoS_2 片层(1 和 4)的相对位移为 273.9 Å,这一结果表明作用在金属表面的摩擦有约 54.8％被 MoS_2 层间的内摩擦替代了,有效地缓和了摩擦磨损。被限制在金属之间的 MoS_2 也出现了明显的压缩变形,这一现象能够解释图 4-11(a)中的法向压力相比单独使用 Al_2O_3 时更低、更稳定。

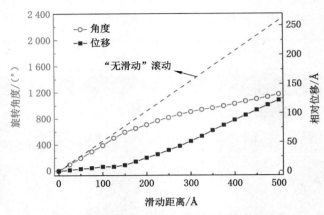

（a）Al₂O₃粒子在Model-A中的旋转角度和相对位移

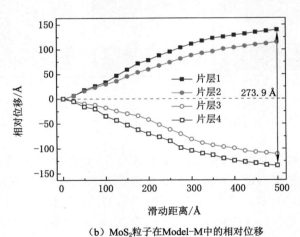

（b）MoS₂粒子在Model-M中的相对位移

图 4-14　Al₂O₃ 粒子在 Model-A、Model-MA 中的旋转角度和相对位移以及
MoS₂ 粒子在 Model-M、Model-MA 中的相对位移

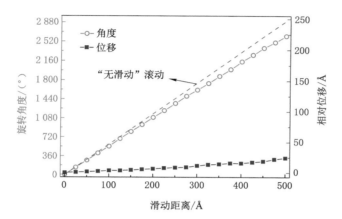

（c）Al₂O₃粒子在Model-MA中的旋转角度和相对位移

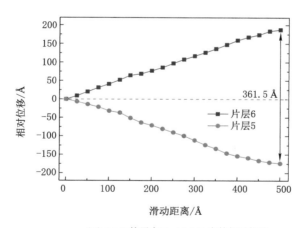

（d）MoS₂粒子在Model-MA中的相对位移

图 4-14 （续）

进一步的,如图 4-13(c)所示,MoS_2-Al_2O_3 复合粒子的润滑性能可归因于不同润滑机制的协同作用。与上述结果相似,MoS_2 片层间发生了相对滑动,同时 Al_2O_3 粒子在 MoS_2 顶部的片层 5 与底部的片层 6 之间移动。不同的是,由图 4-14(c)可以得知,Al_2O_3 的运动几乎是"无滑动"的滚动,尤其是在 Fe 摩擦副的前 200 Å 滑动距离内,旋转角度曲线与"无滑动"滚动的理想曲线(紫色虚线)基本重合。此时的 K_{rs} 值达到了 0.91,进一步表明滚动运动占据主导地位。片层 5 与 6 的相对位移也高于单一 MoS_2 润滑条件下,约为 361.5 Å。因此,在 MoS_2 和 Al_2O_3 共存的摩擦体系中,MoS_2 也能够更有效地将摩擦副间的摩擦转化为内摩擦(72.3%)。此外,通过对比图 4-13 中最终状态(500 Å 时)的静态图,可以发现三个模型的 Fe 表面都有不同程度的变形,特别是仅含单一 Al_2O_3 纳米粒子的摩擦系统。

不同润滑条件下底层摩擦副的磨损表面形貌如图 4-15 所示。三个模型的磨损表面中间都出现了一个明显的犁沟状磨痕,大量的 Fe 原子被剥落并堆积在磨痕边缘。平均磨痕深度与摩擦力的大小顺序一致:Model-A(5.2 Å)>Model-M(3.7 Å)>Model-MA(2.4 Å),磨痕深度可以反映磨损量的高低。虽然 Al_2O_3 粒子润滑时磨损表面的磨痕最深,但犁沟内部比另外两种情况光滑很多。这是因为在边界润滑条件下,金属表面的摩擦主要来自局部微凸体的接触,而硬度极高的 Al_2O_3 的运动可以有效去除这些微凸体,降低表面粗糙度,即纳米粒子的"抛光机制"。Shi 等[20]的研究也表明这种光滑规则的犁沟磨痕通常是由纳米粒子的滑动运动而不是滚动运动所造成的。当较软的 MoS_2 粒子与金属表面接触时,如图 4-15(b)和(c)所示,难以通过"抛光机制"提高表面质量,但体系的磨损率明显降低,证明了其对摩擦表面的有效保护作用。

4.2.4　纳米粒子的扩散及微观润滑模型

为进一步阐明 MoS_2 和 Al_2O_3 在原子尺度上的协同润滑机制,研究了 Fe 表面与纳米粒子中原子的扩散行为。图 4-16 显示了金属表面与纳米粒子的摩擦界面处原子的扩散及形成摩擦膜的结构。由于摩擦过程中产生的热量与形变,一部分 Fe 原子也扩散到了摩擦膜中。分子动力学中原子的运动用一般均方位移(MSD)和扩散系数(D)来衡量:

$$\text{MSD}(t) = \frac{1}{N}\Big[\sum_{i=1}^{N}|r_i(t) - r_i(t_0)|^2\Big] \tag{4-14}$$

$$D = \frac{1}{6}\lim_{t\to\infty}\Big(\frac{\mathrm{d}}{\mathrm{d}t}\text{MSD}(t)\Big) \tag{4-15}$$

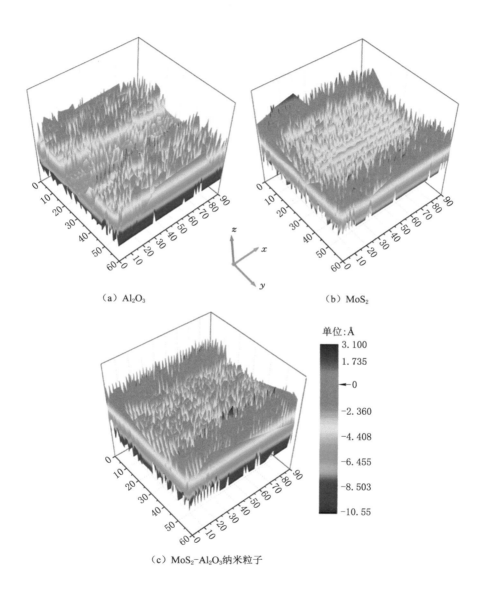

（a）Al₂O₃

（b）MoS₂

（c）MoS₂-Al₂O₃纳米粒子

图 4-15 Al₂O₃、MoS₂ 和 MoS₂-Al₂O₃ 纳米粒子润滑时的磨损表面形貌

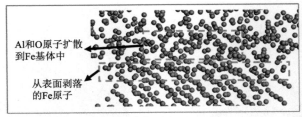

（a）Al_2O_3

（b）MoS_2

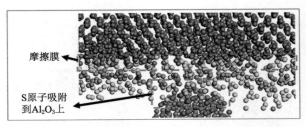

（c）MoS_2-Al_2O_3

图 4-16　Al_2O_3、MoS_2 和 MoS_2-Al_2O_3 纳米粒子润滑时
摩擦界面处原子的扩散及润滑膜结构

式中　N——原子的总数量；

　　　$r_i(t)$——原子 i 在 t 时刻的位置向量；

　　　$r_i(0)$——原子 i 在初始时刻的位置向量。

如图 4-16（a）所示，Al_2O_3 粒子中的部分 Al 和 O 原子进入 Fe 基体。

由于 Al_2O_3 极高的化学稳定性和硬度，不易与摩擦副表面的 Fe 原子反应，因此出现这一现象的主要原因是物理嵌入而不是化学扩散作用。同时由于 Al_2O_3 的压入而剥落的游离 Fe 原子吸附在了纳米粒子表面。而当 MoS_2 与金属直接接触时，如图 4-16（b）和（c）所示，界面处可以观察到明显的摩擦膜。扩散到摩擦膜中的 S 和 Fe 原子分布较为均匀，在一定程度上反映了摩擦膜的稳定性。三个系统中的典型扩散原子，Al 原子和 S 原子的均方位移和扩散系数分别见表 4-3 和图 4-17。由结果可以发现，各个模型中的 Al 原子的 MSD 和 D 均比 S 原子小一个数量级（约为 1/50），这也表明 MoS_2 具有更高的化学活性。在高温摩擦过程中，MoS_2 易于与摩擦表面金属发生化学反应，协助形成摩擦保护膜，而惰性的 Al_2O_3 与 Fe 间的摩擦化学反应不显著，因此发生扩散的难度较高。

表 4-3　Al 和 S 原子在不同摩擦体系中的扩散系数 D

扩散原子	$D/(m^2/s)$	扩散原子	$D/(m^2/s)$
Model-A 中的 Al	5.82×10^{-9}	Model-M 中的 S	2.40×10^{-8}
Model-MA 中的 Al	4.21×10^{-9}	Model-MA 中的 S	2.59×10^{-8}

本研究中，摩擦副摩擦过程中 MoS_2 与金属接触的界面处积累的热量和机械能显著地促进了各种原子的扩散，同时生成的摩擦膜能够在摩擦表面快速铺展开，这与 4.1.3 小节的实验结果一致，从而减缓了后续摩擦过程中的材料磨损。另外，从图 4-16(c) 中可以发现，在 MoS_2 片层与 Al_2O_3 的接触区域也出现了 S 原子向 Al_2O_3 粒子表面的扩散和吸附。由此可以推断，球形 Al_2O_3 在 Model-MA 中更倾向于滚动运动与 S 原子在其表面吸附扩散形成的润滑性薄膜有关。Model-A 中 Al 原子的扩散系数高于 Model-MA 模型，这是因为前者的摩擦界面温度[图 4-12(b) 中的 A1 和 A2]明显高于后者[图 4-12(c) 中的 A1 和 A2]，从而加速了扩散过程。相反，虽然 Model-MA 中 MoS_2 与 Fe 间的温度低于 Model-M，但 S 原子扩散系数略微升高，这进一步证实了 S 原子向 Al_2O_3 粒子的吸附，为原子提供了额外的扩散通道。

基于以上实验结果和分析，MoS_2-Al_2O_3 纳米复合粒子的协同润滑机理如图 4-18 所示。

首先，MoS_2 和 Fe 表面间形成的摩擦膜能够显著降低摩擦力，防止黏着磨损。由于摩擦热以及环境中的水、空气等物质的存在，摩擦膜的形成涉及一系列复杂的物理化学过程：① S 原子和 Fe 原子的扩散保证了摩擦膜与金属基体的结合强度，如图 4-18 中虚线框所示。② 摩擦膜中会出现具备较高力学性能和低剪切强度的新生化合物，如 $Fe_2(SO_4)_3$、FeS、铁氧化物等，这些化合物能够保护基体金属免受到持续磨损且具备一定的自润滑性能。

其次，在 MoS_2 和 Al_2O_3 纳米粒子的接触界面，S 原子也吸附到了 Al_2O_3

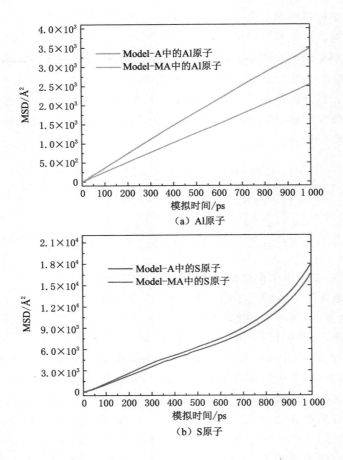

图 4-17　不同体系中 Al 原子和 S 原子扩散的均方位移

表面。模拟结果表明,这些吸附原子促进了 Al$_2$O$_3$ 的滚动运动,抑制了高摩擦力的滑动运动,而 Al$_2$O$_3$ 的滚动运动反过来又促进了 MoS$_2$ 的层间滑动机制。

再次,MoS$_2$ 片层的存在阻止了高硬度 Al$_2$O$_3$ 嵌入到较软的 Fe 基体中,一方面有效地降低了磨损率,另一方面可以防止 Al$_2$O$_3$ 的滚动运动被抑制;同时 Al$_2$O$_3$ 纳米粒子也起到了分离 MoS$_2$ 不同片层的作用,避免高活性的 MoS$_2$ 因变形、相互缠绕和化学反应而使层间滑动被抑制。

本章结合实验表征和分子动力学模拟,研究了纳米复合流体的微观润滑机理,关键研究成果如下:

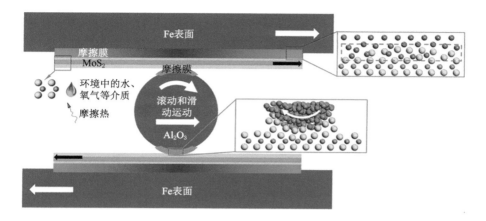

图 4-18　MoS_2-Al_2O_3 纳米复合粒子的协同润滑机理示意图

　　① 摩擦过程中纳米复合流体与金属表面发生一系列物理和摩擦化学过程,形成了由物理吸附膜和化学反应层构成的双层摩擦膜。物理吸附膜由以有机物为主的无定形物质及细小的 Al_2O_3 和 MoS_2 晶体组成,位于物理吸附膜底部的化学反应层由 Fe_3O_4、Fe_2O_3 和 $Fe_2(SO_4)_3$ 组成。摩擦膜的存在阻止了摩擦副金属的直接接触,形成的具有较高力学性能和自润滑作用的化合物进一步降低了摩擦力和磨损率。

　　② 分子动力学模拟表明,在钢-钢摩擦副间,纳米复合粒子中 Al_2O_3 的运动由 91% 的滚动运动和 9% 的滑动运动组成,同时 MoS_2 的层间滑移将 72.3% 作用于金属表面的摩擦转化为了片层内摩擦。MoS_2 中的 S 原子向 Al_2O_3 的吸附促进了其滚动运动,而 Al_2O_3 的滚动运动又促进了 MoS_2 的层间滑动机制;MoS_2 片层的存在阻止了高硬度 Al_2O_3 嵌入较软 Fe 基体,同时 Al_2O_3 也能够避免高活性的 MoS_2 因变形、相互缠绕和化学反应而使层间滑动被抑制。

本章参考文献

［1］ORDOEZ M F C,FARIAS M C M,DESCARTES S,et al.Tribofilm formation during dry sliding of graphite-and MoS_2-based composites obtained by spark plasma sintering[J].Tribology international,2021,160:107035.

［2］ZHANG S W,LI Y,HU L T,et al.AntiWear effect of Mo and W nano-particles as additives for multialkylated cyclopentanes oil in vacuum[J].

Journal of tribology,2017,139(2):021607.

[3] XIONG S,LIANG D,WU H,et al.Preparation,characterization,tribological and lubrication performances of Eu doped CaWO$_4$ nanoparticle as anti-wear additive in water-soluble fluid for steel strip during hot rolling [J].Applied surface science,2021,539:148090.

[4] 温诗铸,黄平,田煜.摩擦学原理[M].5 版.北京:清华大学出版社,2018.

[5] KONG L H,SUN J L,BAO Y Y.Preparation,characterization and tribological mechanism of nanofluids[J].RSC advances,2017,7(21):12599-12609.

[6] 关集俱,刘德利,王勇,等.MWCNTs 复合物纳米流体的摩擦学性能[J].摩擦学学报,2020,40(3):289-298.

[7] LU C,JIA J H,FU Y Y,et al.Influence of Mo contents on the tribological properties of CrMoN/MoS$_2$ coatings at 25-700 ℃ [J]. Surface and coatings technology,2019,378:125072.

[8] ZHANG H W,ZHU D G,GRASSO S,et al.Tunable morphology of aluminum oxide whiskers grown by hydrothermal method[J].Ceramics international,2018,44(13):14967-14973.

[9] ZHOU Y,LEONARD D N,GUO W,et al.Understanding tribofilm formation mechanisms in ionic liquid lubrication[J].Scientific reports,2017 (7):8426.

[10] SOUGATA R,YOSEF J,SRIRAM S.Investigating the micropitting and wear performance of copper oxide and tungsten carbide nanofluids under boundary lubrication[J].Wear,2019,428/429:55-63.

[11] LUO T,WANG P,QIU Z W,et al.Smooth and solid WS$_2$ submicrospheres grown by a new laser fragmentation and reshaping process with enhanced tribological properties[J].Chemical communications,2016,52 (66):10147-10150.

[12] WANG B B,ZHONG Z D,QIU H,et al.Nano serpentine powders as lubricant additive:tribological behaviors and self-repairing performance on worn surface[J].Nanomaterials,2020,10(5):922.

[13] TANG Z L,LI S H.A review of recent developments of friction modifiers for liquid lubricants (2007-present)[J].Current opinion in solid state and materials science,2014,18(3):119-139.

[14] EVANS D J,HOLIAN B L.The nose-hoover thermostat[J].The

journal of chemical physics,1985,83(8):4069-4074.

[15] JOHNSON R A,OH D J.Analytic embedded atom method model for bcc metals[J].Journal of materials research,1989,4(5):1195-1201.

[16] RAPPE A K,CASEWIT C J,COLWELL K S,et al.UFF,a full periodic table force field for molecular mechanics and molecular dynamics simulations[J].Journal of the American chemical society,1992,114(25):10024-10035.

[17] BERRO H,FILLOT N,VERGNE P,et al.Energy dissipation in non-iso-thermal molecular dynamics simulations of confined liquids under shear[J].The journal of chemical physics,2011,135(13):134708.

[18] GATTINONI C,HEYES D M,LORENZ C D,et al.Traction and none-quilibrium phase behavior of confined sheared liquids at high pressure [J].Physical review E,2013,88(5):052406.

[19] JOLY-POTTUZ L,BUCHOLZ E W,MATSUMOTO N,et al.Friction properties of carbon nano-Onions from experiment and computer sim-ulations[J].Tribology letters,2010,37(1):75-81.

[20] SHI J Q,FANG L,SUN K.Friction and wear reduction via tuning nano-particle shape under low humidity conditions:a nonequilibrium mole-cular dynamics simulation[J].Computational materials science,2018,154:499-507.

第5章 纳米复合流体热轧润滑性能及表面效应

摩擦学性能实验以及分子动力学模拟已表明 MoS_2-Al_2O_3 纳米复合流体通过协同润滑机理具备更优异的抗磨减摩性能,但在较复杂的实际热轧工况条件下,纳米复合流体的工艺润滑性能及机理仍需进一步探究,而且板带钢轧后表面质量也必须满足要求。同时,摩擦学实验已证实纳米粒子在摩擦过程中会沉积和吸附在金属表面并发生一系列复杂的物理化学反应,而热轧过程中极高的热量和局部压力势必会促进上述过程的进行。因此,板带钢热轧过程中纳米流体与金属表面复杂的交互作用也亟待研究。为此,本章首先系统研究了 MoS_2-Al_2O_3 纳米复合流体对板带钢终轧厚度、轧制力和轧后表面质量的影响,并探讨了其热轧润滑机理;随后重点考察了纳米复合流体作用下热轧带钢表面氧化层及金属基体的微观组织结构演变过程,并结合量子化学计算和分子动力学模拟,从原子层面探究纳米粒子与高温金属表面复杂相互作用的动态机制,为揭示纳米复合流体的"表面效应"提供重要理论参考。

5.1 热轧工艺润滑性能

热轧实验所用板带钢材质为 Q235B,试样初始尺寸为 100 mm×70 mm×30 mm,具体的热轧工艺参数见表 5-1。轧制总道次为 5 次,各道次的压下率分别为 26.7%、27.3%、37.5%、40.0% 和 33.3%,对应辊缝设置为 22 mm、16 mm、10 mm、6 mm 和 4 mm。热轧工艺润滑条件分别为无润滑和采用基础液、MoS_2、Al_2O_3、MoS_2＋Al_2O_3 混合流体、MoS_2-Al_2O_3 纳米复合流体润滑,其中各组纳米流体的浓度均为 2%。试样在加热前将表面粗糙度抛光至 0.5 μm,并用无水乙醇和石油醚进行多次清洗。开轧前进行机械除鳞,轧后空冷。热轧各个道次都喷涂了足量的润滑剂到工作辊和高温钢板表面。

表 5-1　板带钢热轧工艺参数

轧制工艺参数	参数设置
加热温度/℃	1 200
保温时间/h	2
开轧温度/℃	1 050
终轧温度/℃	>750
轧制速度/(m/s)	1.0
总轧制道次	5

5.1.1　热轧润滑效果

板带钢热轧实验中不同润滑条件下的轧制力随轧制道次的变化如图 5-1(a)所示。轧制过程中的摩擦力可以看作轧制力的分力,并且不同润滑条件下摩擦力的改变是导致轧制力变化的主要因素[1]。因此,轧制力的变化可以反映出不同润滑剂工艺润滑效果的差异。结果表明,使用润滑剂时各道次的轧制力相比无润滑轧制都有非常显著的降低,且纳米流体的润滑性能也明显优于基础液。当采用 MoS_2-Al_2O_3 流体润滑时,轧制过程的轧制力最低,5 个道次的平均轧制力为 341.6 kN,相比于无润滑和基础液润滑条件分别降低了36.5%和26.9%。特别的,MoS_2＋Al_2O_3 混合流体与 MoS_2-Al_2O_3 复合流体润滑时前三道次的轧制力几乎没有差别,只有进行到后两个道次时 MoS_2-Al_2O_3 复合流体降低轧制力的效果才较为明显。这一现象出现的原因是前三道次金属表面温度较高,此时 MoS_2-Al_2O_3 复合粒子接触到高温板带钢时会分解为单一的 MoS_2 与 Al_2O_3 粒子,因而实际润滑效果与两者混合的流体相似。而随着轧制过程的进行,后两道次时板带钢已有大幅度降温,此时复合粒子仅发生部分分解,并且纳米复合流体更优异的分散稳定性有利于润滑膜附着到金属和轧辊表面,从而提高了润滑效果。

随着轧制道次的增加,板带钢温度的降低也导致了热变形抗力的增加,因此各润滑状态下的轧制力也显著升高。根据恰古诺夫公式[2],影响热变形抗力的因素很复杂,与轧制温度、摩擦系数、压下率等参数有关:

$$k_f = \left[1 + \mu\left(\frac{l}{h} - 1\right)\right]K_t\sigma_s \tag{5-1}$$

式中　k_f——热变形抗力,MPa;

　　　μ——外摩擦系数;

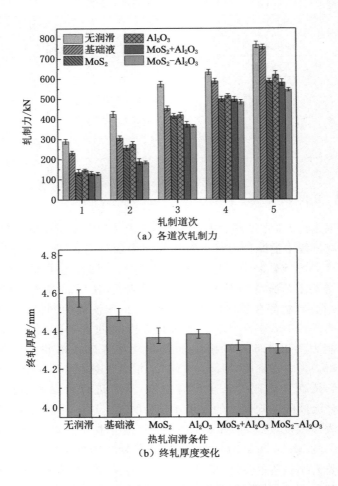

图 5-1　板带钢热轧润滑实验各道次轧制力和终轧厚度变化

l——变形区长度,mm;

$\overline{h}$——变形区的平均厚度,mm;

K_t——受温度影响的系数;

σ_s——板带钢在室温时的屈服强度,MPa。

　　进一步,板带钢热轧过程的变形率 ε、原始厚度 h_0、轧后厚度 h 以及工作辊半径 R 的关系符合:

$$\begin{cases} h = (1-\varepsilon)h_0 \\ \overline{h} = (h+h_0)/2 \\ l = \sqrt{Rh_0} \end{cases} \tag{5-2}$$

将式(5-2)代入式(5-1)中,并对 ε 求导可得:

$$\frac{\mathrm{d}k_f}{\mathrm{d}\varepsilon} = \mu K_t \sigma_s \sqrt{R/h_0}\ \frac{2+\varepsilon}{\sqrt{\varepsilon}\,(2-\varepsilon)} \tag{5-3}$$

由上式可知,热轧轧制力受到温度、摩擦系数、材料力学性质和轧制规程等因素的制约和影响。当采用润滑效果较好的纳米流体尤其是 MoS_2-Al_2O_3 复合流体作为润滑剂时,摩擦系数 μ 降低,从而显著降低轧制力。此外,随着轧制过程的进行,板带钢的温度也逐渐降低,这也导致了变形抗力的增加。因此在各润滑条件下,轧制力随轧制道次的增加都表现出明显的升高。

由轧机弹跳公式可知,当辊缝设置相同时,轧后厚度主要与轧制力有关[3]:

$$h = S_0 + \frac{p}{K} \tag{5-4}$$

式中　　S_0——原始辊缝设置,mm;

　　　　p——总轧制力,kN;

　　　　K——轧制刚性系数。

即轧制力的降低能够有效抑制轧辊弹跳,从而降低终轧厚度。

不同润滑条件下板带钢的终轧厚度如图 5-1(b)所示。润滑剂的使用导致终轧厚度也出现了不同程度的降低,且变化趋势与轧制力相同。当采用 MoS_2-Al_2O_3 流体作为热轧润滑剂时,终轧厚度达到了最低,为 4.31 mm,最接近辊缝设置(4 mm),即具有最佳的产品尺寸精准度。综上所述,纳米复合流体能够有效地降低热轧过程中的能量消耗和材料损耗,延长轧辊寿命,同时能够保证产品质量,提高轧制效率。

5.1.2　轧后表面形貌分析与表征

随着高端用钢行业的发展及绿色生产要求,相关领域对热轧板带钢表面质量的要求日益提高。表面质量的提高不仅能够改善板带钢性能,还能够减少后续酸洗以及深加工过程的难度。图 5-2 所示为不同润滑条件下轧后带钢表面的 2D、3D 形貌以及沿 $Y=640\ \mu m$ 方向分布的表面轮廓曲线。

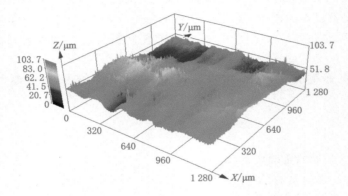

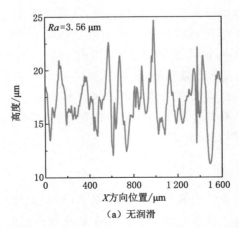

（a）无润滑

图 5-2　无润滑、基础液、MoS_2 流体、Al_2O_3 流体和 MoS_2-Al_2O_3 纳米复合流体
润滑下轧后板带钢表面的 2D、3D 形貌及表面轮廓曲线

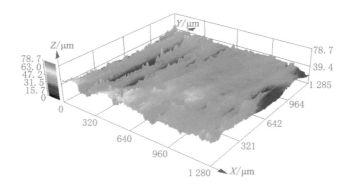

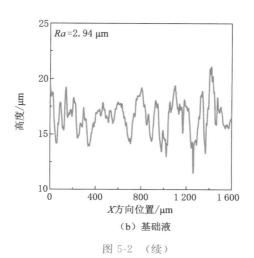

（b）基础液

图 5-2 （续）

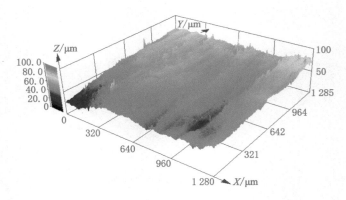

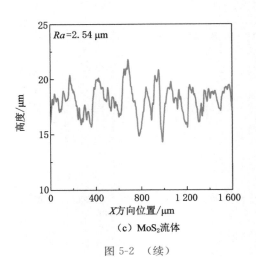

（c）MoS₂流体

图 5-2 （续）

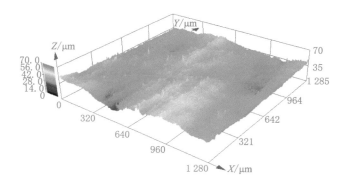

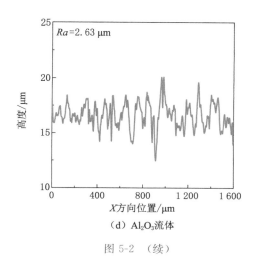

（d）Al₂O₃流体

图 5-2　（续）

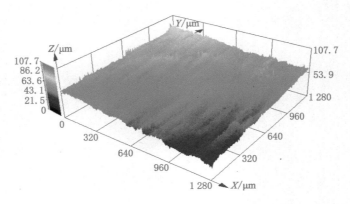

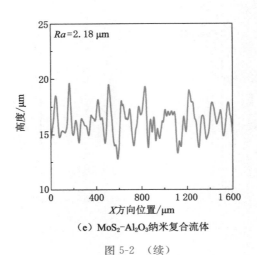

（e）MoS₂-Al₂O₃纳米复合流体

图 5-2 （续）

　　由图 5-2(a)可知,无润滑轧制的钢板表面出现了大量的划伤、犁沟和褶皱,同时 3D 形貌图表明表面的大面积黑色区域显著高于(3D 图中的黄色区域)或者低于(3D 图中的蓝色区域)金属表面。这一现象说明无润滑的干摩擦条件下板带钢与轧辊直接接触发生了剧烈的黏着磨损,大量的金属被剥落并转移到轧辊或钢板的其他区域,这进一步导致了最高的表面粗糙度 3.56 μm。当采用基础液作为润滑剂时,如图 5-2(b)所示,黏着磨损明显减少但表面仍有大量深浅不一的犁沟,此时磨损形式从黏着磨损为主向磨粒磨损为主转化。图 5-2(c)和(d)所示分别为使用单一 MoS_2 和 Al_2O_3 纳米流体润滑时的表面形貌,轧后表面质量进一步提高,缺陷更少且表面粗糙度明显降低。最后,通过观察图 5-2(e)中纳米复合流体润滑条件下的轧后形貌,可以发现表面的犁沟和轧痕明显均匀、细化,大面积的黏着剥落现象也基本消失,表面粗糙度 Ra 值相比于无润滑和基础液润滑下分别降低了 38.8% 和 25.9%。因此,结合前章研究结果,MoS_2-Al_2O_3 纳米复合流体应用于板带钢热轧时亦可实现协同润滑效果,有效抑制轧辊与高温板带钢的直接接触,从而减少表面缺陷,降低摩擦力,提高轧后表面质量。

　　图 5-3 所示为不同润滑条件下轧后钢板沿厚度方向截面的 SEM 图像,同时表面氧化层的平均厚度(AOT)及相应区域的 EDS 分析结果见表 5-2。当仅采用基础液润滑时,如图 5-3(a)所示,氧化层厚度达到了 30.30 μm,同时氧化层较为疏松,含有大量的孔洞和裂纹,与钢板基体的结合界面也极不均匀。向润滑剂中加入纳米粒子后,氧化层明显变得致密。尤其对于含 MoS_2-Al_2O_3 纳米复合粒子的润滑剂,如图 5-3(d)所示,氧化层厚度降低至 13.87 μm,与基体的结合非常紧密且结合界面最为平滑。

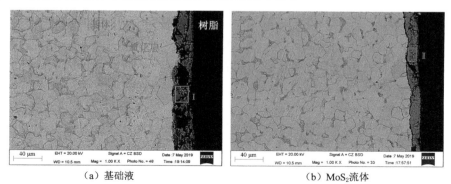

　　（a）基础液　　　　　　　　　　　　　（b）MoS_2流体

图 5-3　不同润滑条件下轧后板带钢横截面的 SEM 形貌

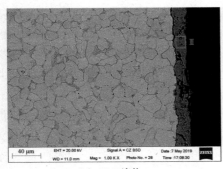 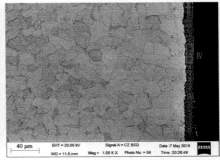

（c）Al₂O₃流体 （d）MoS₂-Al₂O₃纳米复合流体

图 5-3 （续）

表 5-2 轧后板带钢表面氧化层的 EDS 分析结果及平均厚度

分析区域		Ⅰ	Ⅱ	Ⅲ	Ⅳ
元素含量/%	Fe	66.10	69.94	67.74	78.74
	O	10.81	14.16	13.17	11.98
	C	23.09	15.90	19.09	9.28
AOT/μm		30.30	20.73	23.73	13.87

　　EDS 结果中的 C 元素含量也能够反映氧化层的致密程度，因为在样品制备过程中树脂会向氧化层中扩散，导致 C 元素的增加。由表 5-2 可知，纳米复合流体润滑条件下氧化层的 C 含量最低，同时 Fe/O 质量分数的比值较高，表明纳米复合流体起到了一定的抑制钢板高温氧化的作用，从而降低热轧加工过程的材料损耗。热轧过程中板带钢表面的氧化层厚度与形变量有直接关系，形变量的增加会导致氧化层的厚度降低。由前文实验结果可知，摩擦系数的降低能够使热轧钢板的终轧厚度降低，即形变量增加。因此，氧化层厚度的降低也反映了纳米复合流体优异的热轧润滑作用。此外，氧化层与基体结合界面的平滑和均匀也有利于提高轧后产品的使用性能，降低后续酸洗及深加工的工艺难度。

5.1.3　热轧润滑机理探讨

　　为了阐明纳米复合流体的热轧润滑机理，首先在高倍率下采用 SEM 和 EDS 对经 MoS₂-Al₂O₃ 流体润滑的热轧钢板表面进行表征分析，以明确纳米粒子在轧后带钢表面的存在状态，结果如图 5-4 所示。在轧后钢板表面可以

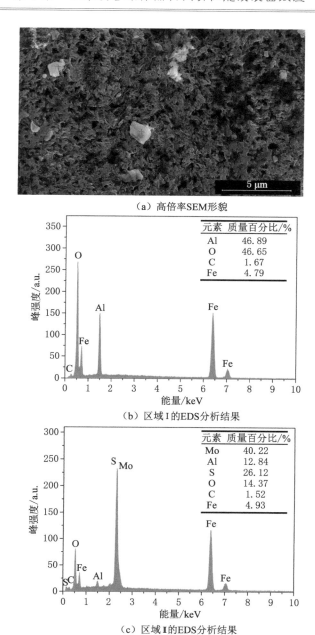

（a）高倍率SEM形貌

（b）区域 I 的EDS分析结果

元素	质量百分比/%
Al	46.89
O	46.65
C	1.67
Fe	4.79

（c）区域 I 的EDS分析结果

元素	质量百分比/%
Mo	40.22
Al	12.84
S	26.12
O	14.37
C	1.52
Fe	4.93

图 5-4　经 MoS_2-Al_2O_3 纳米流体润滑的热轧钢板表面的高倍率 SEM 形貌及区域 I、II、III 的 EDS 分析结果

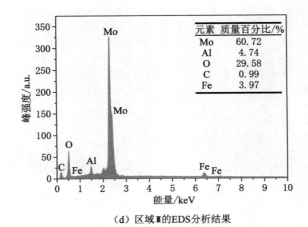

(d) 区域Ⅲ的EDS分析结果

图 5-4 （续）

观察到纳米粒子团聚形成的颗粒，如图中的区域Ⅰ、Ⅱ和Ⅲ所示。结合 EDS 分析结果可以得知，SEM 图中区域Ⅰ分布的粒子的主要成分为 Al_2O_3，区域 Ⅱ 为 Al_2O_3 与 MoS_2 粒子的混合物。对于区域Ⅲ，其化学组成为约 60.72% 的 Mo、29.58% 的 O、4.74% 的 Al 以及少量的 Fe 和 C 元素，而基本没有检测到 S 元素。这表明热轧过程中部分 MoS_2 纳米粒子在金属表面的高温条件下发生了分解，形成了不含 S 元素的新化合物。为了验证上述推测，接下来借助 X 射线光电子能谱仪重点对轧后表面的 Fe、Mo、S 和 Al 元素的化学价态及形成的化学物进行进一步表征，分析结果如图 5-5 所示。

首先，如图 5-5(a) 所示，Fe 2p 图谱在结合能 711.1 eV、713.3 eV 和 724.3 eV 处出现了三个特征峰，分别对应化合物 Fe_3O_4、$Fe_2(SO_4)_3$ 和 Fe_2O_3。值得注意的是，对于 Mo 3d 图谱[图 5-5(b)]的峰位分为了两部分，其中位于 229.4 eV 和 232.9 eV 的特征峰对应于 Mo^{4+} $3d_{3/2}$ 和 Mo^{4+} $3d_{5/2}$（图中的绿色部分），表明了 MoS_2 的存在；同时，位于 233.1 eV 和 236.2 eV 的峰位依次对应 Mo^{6+} $3d_{3/2}$ 和 Mo^{6+} $3d_{5/2}$（图中的粉色部分），符合化合物 MoO_3 的特征峰。另外，图 5-5(c) 中 S 2p 图谱位于 162.5 eV 和 163.7 eV 的特征峰也证实了 MoS_2 的存在，而 169.4 eV 处的峰位对应于化合物 $Fe_2(SO_4)_3$。基于以上 XPS 表征结果，可以推断在热轧过程中，纳米复合流体与高温板带钢表面发生了下列化学反应：

$$2MoS_2 + 7O_2 \longrightarrow 2MoO_3 + 4SO_2 \tag{5-5}$$

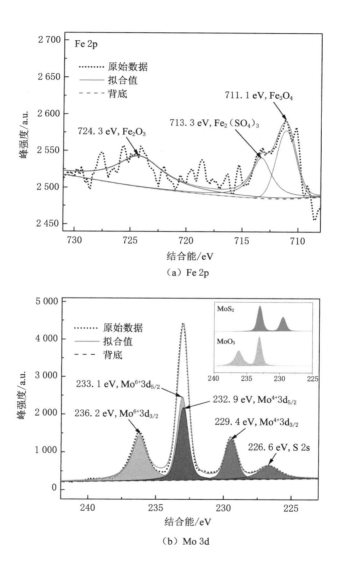

图 5-5　经 MoS₂-Al₂O₃ 纳米流体润滑的热轧钢板表面 XPS 图谱

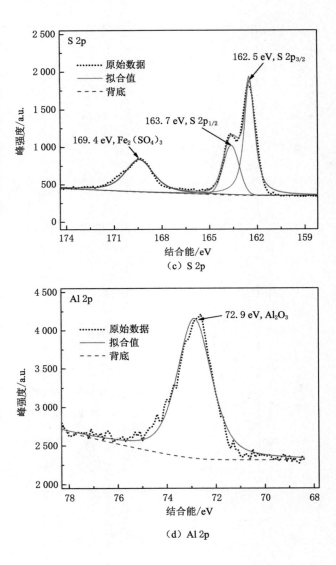

（c）S 2p

（d）Al 2p

图 5-5 （续）

$$2Fe + 3O_2 + 3SO_2 \Longrightarrow Fe_2(SO_4)_3 \qquad (5-6)$$

由于在高速轧制过程中,润滑流体与高温金属接触的时间非常有限,因此仅有部分 MoS_2 纳米粒子被氧化成 MoO_3。MoO_3 具有与 MoS_2 相似的片层状晶体结构,因此两者具备相近的热轧润滑机理。此外,Al 2s 图谱中仅存在 Al_2O_3 的特征峰[图 5-5(d)],表明在摩擦磨损的高温高压条件下,Al_2O_3 粒子仍保持极高的化学稳定性,其性质未发生实质改变,与高温钢板表面之间不存在化学反应。

板带钢表面存在大量的凸峰和凹坑,同时纳米复合粒子中的聚多巴胺在高温高压下会分解,部分复合粒子会转化成单一的 MoS_2、Al_2O_3 以及 MoO_3。结合本节实验结果以及第 4 章的协同减摩抗磨机理研究,提出了 MoS_2-Al_2O_3 纳米复合流体热轧润滑机理,如图 5-6 所示。首先,片层状的 MoS_2、MoO_3 以及球状的 Al_2O_3 纳米粒子吸附在钢板表面(区域Ⅰ和Ⅱ),一方面能够有效阻止轧辊与板带钢的直接接触,缓和黏着磨损;另一方面两种类型的纳米粒子会分别通过层间滑移和"滚珠轴承"效应降低热轧过程的摩擦力。同时,如区域Ⅲ所示,上述三种纳米粒子也会共同作用实现协同润滑效果。另外,在金属表面形成了由 $Fe_2(SO_4)_3$ 以及铁氧化物组成的润滑保护膜,进一步有效保护板带钢表面。此外,纳米粒子"自修复"效应及"抛光"机制能够显著降低轧后钢板粗糙度,提高表面质量。

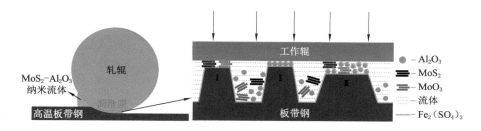

图 5-6　MoS_2-Al_2O_3 纳米复合流体热轧润滑机理示意图

5.2　纳米复合流体诱导的表面微观结构演变

以上研究结果表明,MoS_2-Al_2O_3 纳米复合流体在实现优异的热轧润滑性能、改善轧后带钢表面质量的同时,MoS_2 与高温金属反应形成了新化合物或扩散相,且部分 Al_2O_3 纳米粒子也沉积在了表面。在此基础上,本节将深入探究纳米复合流体的作用对带钢表层区域微观结构演变的影响,包括物相组成、晶粒尺寸、扩散相的结构等。与此同时,结合量子化学计算中的过渡态搜索,进一步揭示相关的微观作用机制。

为保证纳米粒子与高温金属表面充分接触和反应,以生成稳定和充分的扩散相,本节研究选用了含 5% 纳米粒子的高浓度 MoS_2-Al_2O_3 复合流体作为热轧润滑剂,同时将轧制速度下调至 0.15 m/s,其余实验参数保持不变。图 5-7 为 5% 的 MoS_2-Al_2O_3 纳米复合流体在润滑条件下进行板带钢热轧的现场照片,以及不同润滑条件下轧后带钢表面的宏观形貌。尽管 5% 并非 MoS_2-Al_2O_3 复合流体实现热轧润滑作用的最优浓度,但仍能够保证热轧过程顺利进行且保证正常板形。从图 5-7(b)中可以观察到,纳米复合流体条件下的轧后带钢相比于无润滑和基础液润滑条件更加光亮,带钢表面也基本观察不到垂直于轧向的宏观裂纹、褶皱和金属黏着,粗糙程度明显降低。与此同时,随着润滑条件的改善,热轧金属表面的红褐色氧化物即典型的高价氧化物 Fe_2O_3 也逐渐减少。

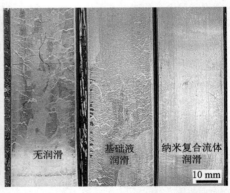

（a）MoS_2-Al_2O_3纳米复合流体
润滑热轧现场照片

（b）不同润滑条件下轧后带钢表面的宏观形貌

图 5-7　MoS_2-Al_2O_3 纳米复合流体润滑热轧现场照片和
不同润滑条件下轧后带钢表面的宏观形貌

5.2.1　轧后表面化学成分及物相分析

通过 SEM 和 EDS 对高浓度纳米复合流体润滑、基础液润滑以及无润滑条件下的轧后钢板表面以及截面区域进行表征,结果如图 5-8 所示,不同润滑条件下的表面粗糙度 Ra 和平均氧化层厚度（AOT）如图 5-8（h）所示。由图 5-8（a）~（c）可以得知，无润滑条件下的轧后钢板表面质量较差，出现了大量的裂纹和黏着现象。采用基础液作为润滑剂时，在一定程度上减少了钢板的表面缺陷，但仍能观察到明显的轧痕和犁沟。当使用高浓度纳米复合流体时，表面磨损情况显著改善，Ra 值从无润滑时的 1.66 μm 降低至 1.17 μm。轧后表面观察不到大面积的黏着磨损现象，表明高浓度纳米复合流体中大量的纳米粒子在轧制变形区仍具备明显的热轧润滑作用，而不是作为磨损粒子加剧表面磨损。

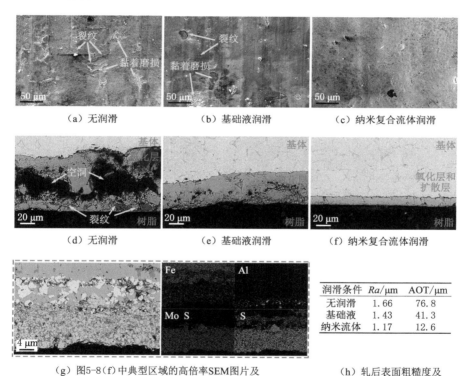

（a）无润滑　　　　　（b）基础液润滑　　　　（c）纳米复合流体润滑

（d）无润滑　　　　　（e）基础液润滑　　　　（f）纳米复合流体润滑

润滑条件	Ra/μm	AOT/μm
无润滑	1.66	76.8
基础液	1.43	41.3
纳米流体	1.17	12.6

（g）图5-8（f）中典型区域的高倍率SEM图片及　　　　　（h）轧后表面粗糙度及
　　　EDS面扫描结果　　　　　　　　　　　　　　　　　氧化层平均厚度

图 5-8　不同润滑条件下轧后钢板表面及横截面的 SEM 形貌

　　进一步观察图 5-8（d）~（f）所示的试样截面形貌，无润滑的轧后钢板表面氧化层非常厚，达到了 76.8 μm，氧化层区域疏松且存在着大量的空洞和裂纹。使用纳米复合流体润滑剂后，氧化层平均厚度急剧降低至 12.6 μm，同时非常致密,与钢板基体的结合界面也光滑平直。这一结果再次证实了前文的研究结果,即 MoS_2-Al_2O_3 纳米复合粒子具备优异的润滑效果,同时能够抑制热轧过程中钢板的高温氧化,从而降低材料和能源损耗。然而,从图 5-8(g)中可以发现,纳米复合流体润滑后表面层的化学成分相当复杂。除氧化物外,还出现了大量的 Mo、S 和 Al 元素,表明 MoS_2 粒子中的 Mo 和 S 原子向氧化层和金属基体中扩散,形成了明显的扩散层。此外,在轧制过程的极高压力下,高硬度的 Al_2O_3 粒子也吸附和嵌入了表面氧化层的最外侧区域。

为了明确轧后带钢表面扩散层的物相分布,采用 XRD 及 EBSD 对纳米复合流体润滑条件下的轧后钢板表面进行了表征。如图 5-9 所示,轧后钢板表面出现了非常显著的 α 相 Al_2O_3(JCPDS♯99-0036)、六方晶体结构的 FeS(JCPDS♯76-0960)以及 $FeMo_4S_6$ 扩散相(JCPDS♯37-0844)的衍射峰。图中其他位置的衍射峰与铁的氧化物相关联:FeO(JCPDS♯75-1550)、Fe_3O_4(JCPDS♯99-0073)和 α-Fe_2O_3(JCPDS♯99-0060)。同时,α-Al_2O_3 的衍射峰强度明显高于其他扩散相,这也反映了 Al_2O_3 纳米粒子倾向于沉积在氧化层和扩散层的外侧。

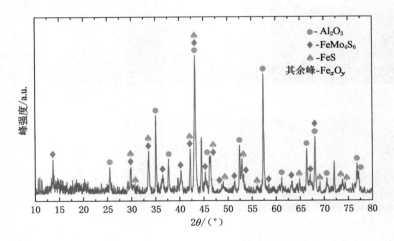

图 5-9　纳米复合流体润滑后的轧后钢板表面的 XRD 图谱

进一步的,图 5-10 为不同润滑条件下轧后表面区域的 EBSD 相分布图。由实验结果可知,三种铁氧化物呈现出明显的层状分布,其中靠近外部环境一侧的为氧化程度最高的 α-Fe_2O_3(黄色区域),氧化程度相对较低的 Fe_3O_4(绿色区域)分布在靠近钢板基体的内侧区域,而 FeO 晶粒(蓝色区域)更靠近内侧且大部分弥散分布在 Fe_3O_4 层中。采用不同润滑剂润滑后,氧化层在变薄的同时高价氧化物 Fe_2O_3 的比例也随之降低,尤其是在 MoS_2-Al_2O_3 纳米复合流体作用下,其比例变得非常低。更关键的是,在氧化层的外侧观察到了 Al_2O_3、FeS 以及 $FeMo_4S_6$ 相,这与 XRD 表征结果一致。上述实验结果表明,实现了借助热轧过程中的高热量和压力使纳米粒子中的 Mo 和 S 原子向奥氏体晶格($γ$-Fe)的扩散,进而形成了 FeS、$FeMo_4S_6$ 两种新相。同时,在金属基体中也出现了 FeS 相,而 $FeMo_4S_6$ 仅存在于表层及氧化层中,表明 S 原子的扩散能力远远高于 Mo 原子。然而,FeS 作为钢铁材料中常见的夹杂物,往往会对材料的性能造成明显的影响[4]。因此,纳米粒子沉积和扩散对轧后产品性能,如力学性能、表面耐磨及耐蚀性的影响仍需要进一步探索和明确。

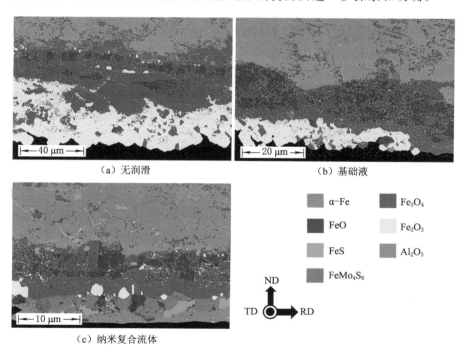

（a）无润滑　　　　　　　　　　（b）基础液

α-Fe　　　Fe₃O₄

FeO　　　Fe₂O₃

FeS　　　Al₂O₃

FeMo₄S₆

（c）纳米复合流体

图 5-10　润滑条件下轧后钢板表层区域的 EBSD 相分布图

5.2.2　晶粒尺寸及微观组织演变

图 5-11 为无润滑、采用基础液和纳米复合流体润滑条件下轧后钢板表层

区域的 IPF 图。从实验表征结果可以得知,三种润滑条件下的晶粒均呈现随机分布,说明热轧过程及轧后冷却过程中钢板均发生了完整的回复及再结晶过程,但晶粒的尺寸有显著区别。结合图 5-12 所示的晶粒尺寸统计结果,当采用润滑剂时,随着润滑效果的提升,α-Fe、FeO、Fe_3O_4 及 Fe_2O_3 四种晶粒的尺寸均逐渐降低。其中,无润滑条件下 α-Fe、Fe_3O_4 和 Fe_2O_3 相还出现了少量异常长大的大尺寸晶粒,从图 5-11(a)中也可以看到非常明显的异常长大的 Fe_3O_4 晶粒。这是由于无润滑状态下轧制的带钢在再结晶温度(约 550 ℃)以上停留的时间较长,这些热量显著促进了晶粒长大。

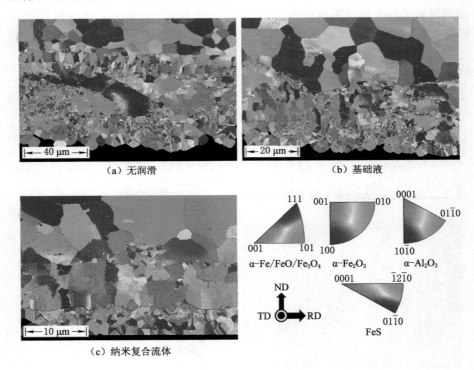

（a）无润滑 （b）基础液

（c）纳米复合流体

图 5-11　润滑轧后带钢表层的 IPF 图

因此可以判断,纳米粒子能够提高流体的传热性能,加速高温带钢的冷却,从而减少了晶粒持续长大的时间。由图 5-11(c)可知,对于扩散相 FeS、$FeMo_4S_6$ 以及 Al_2O_3,晶粒尺寸较小且分布均匀,尤其是最外侧排列致密的高硬度 Al_2O_3 晶粒,对于提高轧后钢板的表面性能以及作为物理屏障起到抑制高温金属氧化有至关重要的作用,这部分推测将在后边的研究中进行验证。

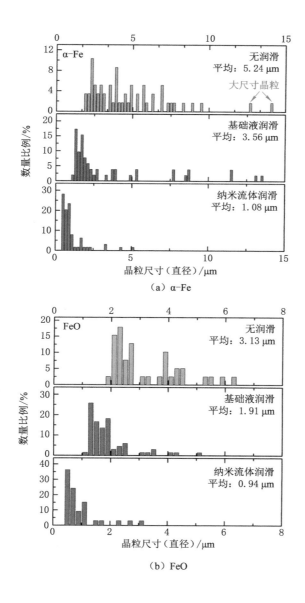

（a）α-Fe

（b）FeO

图 5-12　不同润滑条件下热轧带钢表面层晶粒尺寸及数量比例

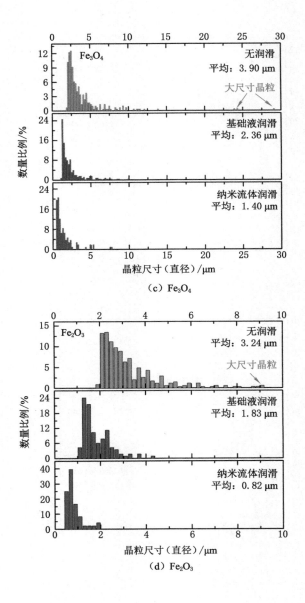

（c）Fe₃O₄

（d）Fe₂O₃

图 5-12 （续）

图 5-13 所示为三种润滑条件下轧后带钢表层组织的分布及统计比例。由图 5-13(a)～(c)可以明显发现,纳米复合流体润滑轧后钢板氧化层区域的局部取向差更低,表明纳米流体作为润滑剂时,晶粒和晶界内的残余应力和残余变形均低于无润滑和仅使用基础液润滑。这一结果也反映了表层位错密度的降低,减少了位错滑移现象的发生,能够在一定程度上提高轧后产品的表面强度[5]。进一步,根据晶粒内部的位相角可以将其分为再结晶晶粒、亚结构晶粒和变形晶粒。在本研究中,如果晶粒的平均位相角超过亚晶界的临界角度(3°),则该晶粒被定义为变形晶粒;如果晶粒由亚晶粒组成,且内部位相差小于 3°,但亚晶粒间的取向差超过 3°,则该晶粒为亚结构晶粒;其他晶粒定义为再结晶晶粒。

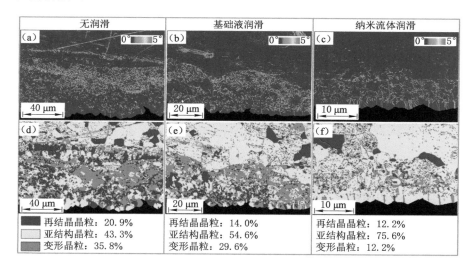

图 5-13　不同润滑状态下轧后带钢表层组织的分布及统计比例

一般情况下,热轧钢板表面不同铁氧化物的协调变形能力不同,这会导致表层区域出现严重的残余应力,进而在轧后冷却过程中产生变形晶粒[6]。根据图 5-13(d)～(f)可知,带钢基体和氧化层区域主要由亚结构晶粒组成。值得注意的是,热轧过程中使用纳米复合流体润滑时,轧后表层组织的变形晶粒比例由 35.8% 降低至 12.2%。因此,纳米粒子的应用明显影响了带钢热轧过程中表层区域的微观组织演变,残余变形和残余应力有一定程度的降低,同时表面氧化程度也得到了抑制。此外,残余应力的缓和有利于提高材料的耐蚀性,这部分内容将在后续章节进行研究。

5.2.3　氧化相和扩散相弹性常数的模拟计算

金属材料的力学性能,尤其是弹性常数是衡量其刚度的重要指标。因此,为明确轧后带钢表面生成的 $FeMo_4S_6$、FeS、Al_2O_3 相以及氧化物对表面性能的影响,研究各物质相的弹性常数是十分必要的。然而,由于形成的氧化相和扩散相尺度较小且结构复杂,通过实验方法对其进行准确表征难度较高,而量子化学方法有助于从理论上计算上述参数,进而推断和明确带钢表面形成的不同扩散相及氧化相对其表面宏观性能的影响。

首先,根据 5.2.1 小节实验得到的各扩散相和氧化相的 XRD 和 EBSD 分析结果,结合相对应的 JCPDS 数据库建立了各相的晶胞模型,如图 5-14 所示。其中,α-Fe_2O_3、FeS、$FeMo_4S_6$ 和 α-Al_2O_3 为六方晶体结构,FeO 和 Fe_3O_4 为立方晶体结构。随后,借助 Materials Studio 对各晶胞进行结构优化和力学性能计算。结构优化过程中,采用广义梯度近似的 Perdew-Burke-Ernzerhof(GGA-PBE)泛函[7]计算体系的能量变化,同时采用缀加平面波(Projector Augmented Wave,PAW)描述电子和离子间的相互作用,并将截止能量设置为 400 eV[8]。力学性能的计算采用 Materials Studio 中的 Forcite 模块,选用 Universal 力场[9]描述原子间的相互作用,其中的静电相互作用和范德瓦耳斯作用均选用 Atom based 方式进行表征。

计算得到的各相晶胞以及奥氏体(γ-Fe)的力学性能参数见表 5-3,包括体积模量 K、剪切模量 G 和沿不同方向的杨氏模量 E。从表 5-3 中可以得知,三种氧化相的体积模量、剪切模量和杨氏模量均显著高于 γ-Fe,表明热轧过程中生成的氧化物的抗压强度和刚度高于高温带钢基体,同时弹性变形和剪切变形能力较差。这一结果也验证了氧化层的协调变形能力弱于金属基体,容易导致轧后带钢表面缺陷,但是较高的强度能够在一定程度上提高表面耐磨性。扩散相 FeS 和 $FeMo_4S_6$ 的抗压强度较高,但较低的剪切模量和杨氏模量表明其在剪切力作用下易于发生层间滑移,从而实现自润滑作用降低摩擦力。对于 Al_2O_3 晶胞,各力学性能参数相比其他相均高几个数量级,反映了 Al_2O_3 纳米粒子具有极高的硬度和致密性,在高压力和剪切力作用下不会发生显著的弹性应变和剪切应变,能够保持较高的力学性能稳定性。因此,可以推测沉积在轧后带钢表面的 Al_2O_3 层对于控制金属基体的高温氧化以及调控表面耐蚀性等性能有一定帮助。

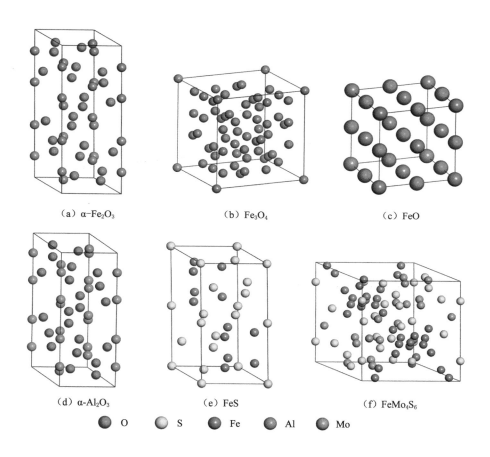

（a）α-Fe$_2$O$_3$　　　　　　　（b）Fe$_3$O$_4$　　　　　　　（c）FeO

（d）α-Al$_2$O$_3$　　　　　　　（e）FeS　　　　　　　（f）FeMo$_4$S$_6$

O　　S　　Fe　　Al　　Mo

图 5-14　不同氧化相和扩散相的晶胞模型

表 5-3　不同氧化相和扩散相晶胞的力学性能参数

晶胞		FeO	Fe$_3$O$_4$	Fe$_2$O$_3$	FeS	FeMo$_4$S$_6$	Al$_2$O$_3$	γ-Fe
K/GPa		130.99	17.69	27.3	106.30	60.30	1 849.60	7.11
G/GPa		24.59	38.53	111.79	7.04	0.11	184 001.19	2.23
E/GPa	x	325.82	54.97	164.33	13.01	0.27	31 168.07	0.66
	y	325.82	54.97	164.33	13.01	0.27	31 168.07	0.66
	z	325.82	54.97	104.32	14.14	0.27	8 048.65	0.66

5.2.4 扩散相及界面的 HRTEM 表征

为进一步明确热轧过程中纳米粒子与高温带钢表面的相互作用,采用透射电镜对扩散相进行表征分析,结果如图 5-15 所示。

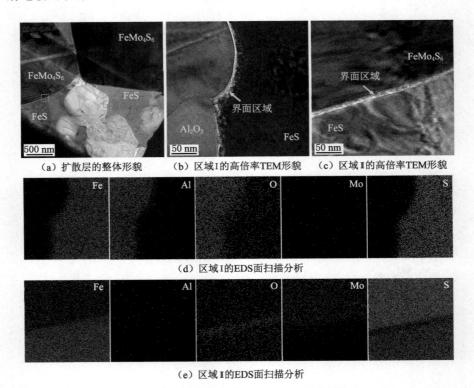

（a）扩散层的整体形貌　　（b）区域Ⅰ的高倍率TEM形貌　　（c）区域Ⅱ的高倍率TEM形貌

（d）区域Ⅰ的EDS面扫描分析

（e）区域Ⅱ的EDS面扫描分析

图 5-15　扩散层的 TEM 表征结果

样品取自图 5-10(c)中的 Al_2O_3、FeS 以及 $FeMo_4S_6$ 扩散相的界面处,采用聚焦离子束(FIB)刻蚀和切割获得。由图 5-15(a)可知,轧后带钢表面的扩散层由化学性质不同的几个区域组成,且由于没有观察到明显的裂纹和空洞,因此各扩散相晶粒及不同相之间的结合界面处均非常致密。其中,区域Ⅰ和Ⅱ的高倍率 TEM 照片如图 5-15(b)和(c)所示,同时相对应的 EDS 面扫描结果如图 5-15(d)和(e)所示。对比分析各晶粒的形貌和区域Ⅰ的元素分布,同时结合 5.2.1 小节的 XRD 和 EBSD 结果,发现 TEM 图中的浅色区域基本只包含 Al 和 O 元素,证明这些类球形区域为 Al_2O_3 相。而区域Ⅰ右侧区域和区域Ⅱ底部区域含有大量的 Fe、S 元素及少量 O 元素,没有探测到 Mo 元素,表明扩散层中的 Al_2O_3 被致密的 FeS 相和少量铁氧化物所包覆。对于图 5-15(a)中的深灰色区域,即区域Ⅱ的顶部区域,Fe 元素含量相对较低,但 Mo 元素的比例极高,即证实了这些深灰色区域的主要组成为 $FeMo_4S_6$ 相,与之前的 XRD 和 EBSD 分析结果相吻合。

不同扩散相的结合界面处也具有独特的形态和化学成分,根据图 5-15(b)和(d)所示的形貌和元素成分,Al_2O_3 与 FeS 晶粒的界面处 Al、O 元素呈现逐渐降低的过渡趋势,同时 Fe、S 含量逐渐增加。然而 FeS 与 $FeMo_4S_6$ 的结合界面特征完全不同[图 5-15(c)和(e)],界面处含有更多的 O 元素和更少的 S 元素。为进一步确定扩散相界面的结构,对 Al_2O_3-FeS 和 FeS-$FeMo_4S_6$ 界面区域进行了高分辨透射电镜(HRTEM)表征,结果分别如图 5-16(a)和(b)所示,相关区域的 SAED 分析结果如图 5-16(c)所示。图中的晶面间距 0.347 nm 与 Al_2O_3 的(012)晶面相匹配,晶面间距 0.185 nm、0.258 nm、0.234 nm 和 0.266 nm 对应于 FeS 的(212)、(200)、(202)和(112)晶面。同时,$FeMo_4S_6$ 的(101)面的晶面间距较大,达到了 0.640 nm。SAED 结果也表明,图中区域Ⅲ和Ⅳ的扩散相分别为六方结构的 FeS 和 $FeMo_4S_6$。相比较而言,界面区域(区域Ⅴ和Ⅵ)的晶体结构极其复杂,衍射斑呈现环形排列,表明该区域的晶格排列杂乱无章,具有典型的多晶特征。除扩散相外,Al_2O_3-FeS 界面出现了 Fe_3O_4,且 FeS-$FeMo_4S_6$ 界面存在一定数量的 Fe_3O_4 和 Fe_2O_3。

为进一步明确扩散相中的原子排列以及晶格缺陷,通过傅里叶变换(FFT)和反傅里叶变换(IFFT)对图 5-16(a)和(b)中的典型区域进行分析,具体包括 Al_2O_3 相、FeS-$FeMo_4S_6$ 及 Al_2O_3-FeS 界面处的 FeS 相、$FeMo_4S_6$ 相。图 5-17(a)所示为 Al_2O_3 相的 FFT 以及相应的 IFFT 结果,可以发现该区域 Al_2O_3 的晶格间距均匀且排列整齐,但局部存在着明显的刃型位错,表明高硬度和稳定性的 Al_2O_3 晶粒中仍然存在一定量的缺陷和应变。

处于不同位置的 FeS 相,如 FeS-$FeMo_4S_6$ 和 Al_2O_3-FeS 界面处,其分析结果则有很大的差异。如图 5-17(b)所示,当 FeS 晶粒与 $FeMo_4S_6$ 晶粒接触时,FFT 图像中呈现出规律的单晶衍射斑点,同时 IFFT 结果中的晶格也为两个方向的晶面周期性排列。而当 FeS 与 Al_2O_3 相接触时,如图 5-16(c)所示,该区域的晶格为多晶混杂,IFFT 可以分解为三种不同方向晶面的叠加排列,即莫尔条纹现象[10]。此时,晶格中位错、晶界等缺陷的密度也明显增高,经推断与高硬度的 Al_2O_3 晶粒向该区域的挤压导致的严重局部应变有关。相较而言,杨氏模量和剪切模量较低的 $FeMo_4S_6$ 对 FeS 晶粒的影响较小,几乎没

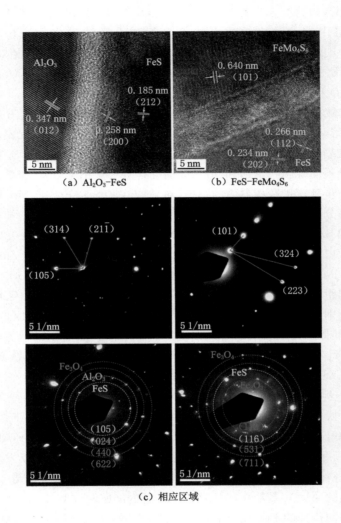

（a）Al₂O₃-FeS   （b）FeS-FeMo₄S₆

（c）相应区域

图 5-16   Al₂O₃-FeS 和 FeS-FeMo₄S₆ 扩散相界面的 HRTEM 图像
以及相应区域的 SAED 分析结果

有导致明显的变形和应力集中现象。

对图 5-16（b）中的 FeMo₄S₆ 晶粒区域进行分析，结果如图 5-18 所示。通过观察 FFT 图可以发现，箭头处所示的衍射斑点出现了明显的变形，由点状被拉长为椭圆形，这一现象是晶粒内部的残余应力典型表现。同时，IFFT 图

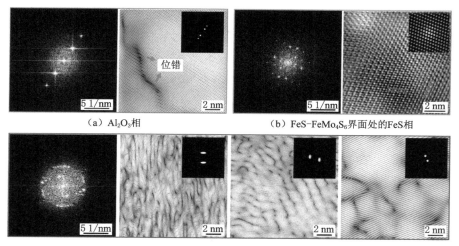

（a）Al₂O₃相　　　　　　　　（b）FeS-FeMo₄S₆界面处的FeS相

（c）Al₂O₃-FeS界面处的FeS相

图 5-17　Al₂O₃ 相、FeS-FeMo₄S₆ 界面处的 FeS 相和
Al₂O₃-FeS 界面处的 FeS 相的 FFT 及 IFFT 分析结果

中也出现了大量的位错。这是由于 FeMo₄S₆ 主要是通过 Mo、S 与 Fe 晶格间
相互扩散形成固溶体而得到，导致了一定程度的晶格畸变，并且储存的一定量
的弹性应变能和核心能量未能在轧制以及后续冷却过程中释放。

（a）　　　　　　　　　　　（b）

图 5-18　FeS-FeMo₄S₆ 界面处的 FeMo₄S₆ 相的 FFT 及 IFFT 分析结果

除原子扩散导致的晶格缺陷外,上述实验结果也表明在热轧过程中,由于温度梯度、机械振动、轧制压力等因素的影响,在带钢表面沉积和形成的扩散相的部分晶格会发生弯曲以及偏转,引起晶粒间的位相差,促使位错的形成;同时,后续冷却过程中体积变化的热应力和界面处的组织应力也会导致局部应力集中,进而使局部区域发生滑移,导致位错等缺陷的出现。

5.3 纳米粒子的微观扩散机理

前文的研究结果表明,纳米复合流体中的 MoS_2 粒子与高温带钢发生了物理化学作用,Mo 和 S 原子扩散到了 Fe 基体中形成了 FeS 和 $FeMo_4S_6$ 扩散相。为了明确扩散相形成的微观机理,首先采用量子化学计算揭示了原子扩散进入 Fe 晶格的具体机制。随后,结合实际带钢热轧条件,通过分子动力学模拟研究了不同温度和压强下原子的扩散情况,进一步建立了相应的数学模型,为阐明纳米粒子在带钢热轧工艺润滑过程中的高温扩散行为以及指导实际生产提供理论基础。

5.3.1 基于过渡态搜索的原子迁移机制研究

为了明确扩散相的形成机理,通过量子化学计算中的过渡态搜索方法(Transition State Search,TSS)研究了 MoS_2 纳米粒子中 Mo 和 S 原子的微观迁移机制。通常情况下,非金属元素 S 原子向 Fe 晶格中的扩散以间隙扩散为主,而金属元素 Mo 原子可能会通过形成间隙或置换固溶体的形式实现扩散[11]。MoS_2 纳米粒子向 Fe 晶格扩散的过渡态搜索的初始模型如图 5-19(a)所示,由于 Q235B 钢在热轧过程的高温条件下的微观组织为奥氏体,且热轧过程中的主要滑移面为(110)面,因此,选用 γ-Fe 的(110)晶面作为扩散基体表面,将单层 MoS_2 的(110)晶面放置于 Fe 表面之上作为扩散源。建立的最终态模型,包括 S 向 Fe 晶格的间隙扩散(S-Fe_{int})、Mo 向 Fe 晶格的间隙扩散(Mo-Fe_{int})和 Mo 向 Fe 晶格的置换扩散(Mo-Fe_{sub})模型,分别如图 5-19(b)、(c)和(d)所示的最终态位置。模型的初始尺寸为 5.2 Å×3.7 Å×9.9 Å,首先采用 Materials Studio 中的 Castep 模块对初始模型和最终模型进行结构优化,得到能量和结构相对稳定的模拟体系。随后,继续采用 Castep 模块进行 TSS 计算,搜索方法为完全线性同步转变(Linear Synchronous Transit,LST)和二次同步转变(Quadratic Synchronous Transit,QST)方法,选用完全 LST/QST 搜索协议,最高 QST 搜索次数为 5 次。结构优化和 TSS 过程仍旧采用 GGA-PBE

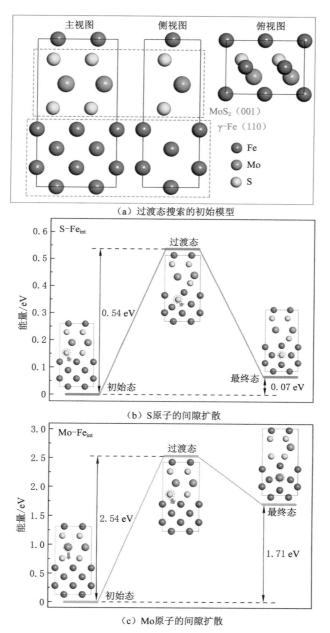

（a）过渡态搜索的初始模型

（b）S原子的间隙扩散

（c）Mo原子的间隙扩散

图 5-19　过渡态搜索的初始模型、S 原子的间隙扩散、Mo 原子的间隙扩散和
Mo 原子的置换扩散的能量变化过程

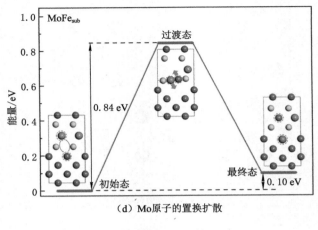

（d）Mo原子的置换扩散

图 5-19　（续）

泛函计算体系的能量变化，采用 PAW 描述电子和离子间的相互作用，截止能量设置为 400 eV。

由 TSS 模拟结果可以得知，MoS_2 中的 S 原子向 γ-Fe 晶格的间隙扩散过程需克服的势垒为 0.54 eV［图 5-19(b)］，且形成的扩散产物的能量仅比初始态模型高 0.07 eV，说明 S 原子的间隙扩散较容易，同时扩散产物具有较高的化学稳定性。由图 5-19(c)和(d)可知，Mo 原子通过间隙扩散进入 γ-Fe 晶格的势垒为 2.54 eV，远远高于置换扩散的 0.84 eV。此外，Mo 与 Fe 形成的间隙固溶体的能量相比初始态高 1.71 eV，这表明该产物在理论上极其不稳定[12]。因此，可以判断 MoS_2 粒子中的 Mo 和 S 原子分别通过置换扩散和间隙扩散进入高温带钢表面形成 $FeMo_4S_6$ 和 FeS 扩散相。

5.3.2　纳米粒子扩散的分子动力学模拟及经验方程

固体粒子的扩散行为与环境因素息息相关，因此带钢热轧过程中的温度和压力变化均会对纳米粒子的扩散系数、扩散通量、扩散层深度等造成影响。本部分研究将采用分子动力学模拟研究不同温度和压强下 MoS_2 粒子在带钢和轧辊间的扩散行为。结合 3.2.2 小节的响应曲面法进行实验设计和结果回归分析，得到扩散体系中的 Mo、S 和 Fe 原子的扩散系数随温度和压强变化的数学模型。随后，根据菲克扩散定律，建立 Mo、S 原子向带钢表面的扩散深度与温度 T、压强 p、时间 t 的经验方程。最后，利用热轧实验对上述经验方程的准确度进行验证。

　　MoS₂ 粒子扩散的分子动力学模型如图 5-20 所示，MoS₂ 纳米粒子放置在 γ-Fe(110) 和 α-Fe(110) 表面之间以模拟纳米粒子在轧辊和高温带钢之间的扩散条件。模型的总尺寸约为 20 Å×20 Å×46 Å，温度和压强分别设置为 700～1 200 ℃ 和 100～600 MPa。根据响应曲面法实验设计，总实验次数为 21 次。分子动力学模型首先在设置的温度和压强下弛豫 200 ps 使体系达到平衡状态，然后利用 NVT 系综进行动力学模拟使原子自由扩散。每次模拟的总时间设定为 1 000 ps，以保证原子的充分扩散，时间步长为 1 fs，每 10 ps 记录并输出一次体系中不同原子运动的轨迹等信息，进而计算得到扩散系数。

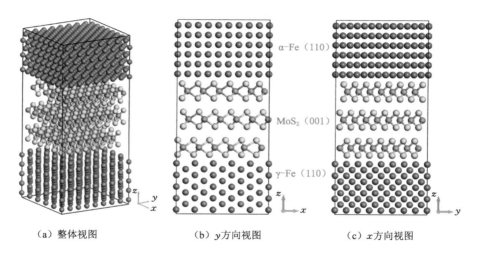

（a）整体视图　　　　　（b）y 方向视图　　　　　（c）x 方向视图

图 5-20   MoS₂ 纳米粒子在高温带钢和轧辊表面之间扩散的分子动力学模型

　　本部分研究重点计算了 Mo、S、Fe 原子在不同温度、压强下沿 z 方向，即热轧带钢厚度方向的均方位移 MSD_z 和扩散系数 D_z。具体计算方法分别见式(5-7)和式(5-8)：

$$\mathrm{MSD}_z(t) = \frac{1}{N}\left[\sum_{i=1}^{N}\left|r_i(t) - r_i(t_0)\right|^2\right] \tag{5-7}$$

$$D_z = \frac{1}{6}\lim_{t\to\infty}\left(\frac{\mathrm{d}}{\mathrm{d}t}\,\mathrm{MSD}_z(t)\right) \tag{5-8}$$

式中　　N——扩散原子的总数量；

　　　　$r_i(t)$——原子 i 在 t 时刻的位置向量；

　　　　$r_i(0)$——原子 i 在初始时刻的位置向量。

计算得到的不同温度、压强下模型中的 Mo、S、Fe 原子沿 z 方向的扩散系数 D_z 见表 5-4。

表 5-4　不同温度和压力下各原子沿 z 方向的扩散系数

实验次序	原子扩散条件		扩散系数		
	$T/℃$	p/MPa	$D_z(Mo)/(m^2/s)$	$D_z(S)/(m^2/s)$	$D_z(Fe)/(m^2/s)$
1	900	300	2.82×10^{-11}	4.30×10^{-11}	3.07×10^{-11}
2	800	500	2.87×10^{-11}	5.99×10^{-11}	3.32×10^{-11}
3	1 100	500	4.27×10^{-11}	8.10×10^{-11}	4.47×10^{-11}
4	700	100	2.04×10^{-11}	2.72×10^{-11}	2.11×10^{-11}
5	800	200	2.67×10^{-11}	3.42×10^{-11}	2.54×10^{-11}
6	1 200	100	3.26×10^{-11}	4.96×10^{-11}	3.57×10^{-11}
7	1 000	400	3.30×10^{-11}	5.80×10^{-11}	3.68×10^{-11}
8	800	100	2.25×10^{-11}	3.28×10^{-11}	2.43×10^{-11}
9	1 200	600	4.64×10^{-11}	1.23×10^{-10}	5.36×10^{-11}
10	700	400	2.36×10^{-11}	3.93×10^{-11}	2.71×10^{-11}
11	1 000	300	3.39×10^{-11}	5.06×10^{-11}	3.38×10^{-11}
12	900	600	3.98×10^{-11}	8.93×10^{-11}	4.20×10^{-11}
13	1 100	200	3.39×10^{-11}	5.16×10^{-11}	3.48×10^{-11}
14	900	400	3.13×10^{-11}	5.44×10^{-11}	3.34×10^{-11}
15	1 200	400	4.35×10^{-11}	7.44×10^{-11}	4.35×10^{-11}
16	1 000	600	3.98×10^{-11}	9.40×10^{-11}	4.53×10^{-11}
17	700	300	2.29×10^{-11}	3.28×10^{-11}	2.42×10^{-11}
18	700	600	3.10×10^{-11}	6.79×10^{-11}	3.50×10^{-11}
19	1 200	300	3.70×10^{-11}	6.31×10^{-11}	4.04×10^{-11}
20	900	100	2.45×10^{-11}	3.54×10^{-11}	2.67×10^{-11}
21	1 000	100	2.78×10^{-11}	4.12×10^{-11}	3.01×10^{-11}

分别采用线性模型(Linear)、两因素交互模型(2FI)、二次模型(Quadratic)和三次模型(Cubic)对表中数据进行拟合,结果表明对于三种原子的扩散系数随自变量的变化,仍然是采用二次模型拟合准确度最高,对于 Mo、S 和 Fe 原子扩散系数的 R^2 值分别为 0.949 4、0.989 0 和 0.998 8。$D_z(Mo)$、$D_z(S)$ 和 $D_z(Fe)$ 随温度 T 和压强 p 变化的二次数学模型分别为:

$$D_z(\text{Mo}) = -1.36 \times 10^{-12} + 3.15 \times 10^{-14} T - 4.62 \times 10^{-15} p +$$
$$1.92 \times 10^{-17} T \cdot p - 3.59 \times 10^{-18} T^2 + 1.58 \times 10^{-17} p^2 \quad (\text{m}^2/\text{s})$$

$$(5\text{-}9)$$

$$D_z(\text{S}) = 3.28 \times 10^{-11} - 1.13 \times 10^{-14} T - 1.63 \times 10^{-13} p +$$
$$1.13 \times 10^{-16} T \cdot p + 2.18 \times 10^{-17} T^2 + 2.32 \times 10^{-16} p^2 \quad (\text{m}^2/\text{s})$$

$$(5\text{-}10)$$

$$D_z(\text{Fe}) = 4.65 \times 10^{-12} + 2.12 \times 10^{-14} T - 1.35 \times 10^{-14} p +$$
$$1.64 \times 10^{-17} T \cdot p + 3.30 \times 10^{-18} T^2 + 4.11 \times 10^{-17} p^2 \quad (\text{m}^2/\text{s})$$

$$(5\text{-}11)$$

根据菲克第二定律,纳米粒子中的原子沿厚度方向进入带钢基体的扩散过程满足:

$$\frac{\partial \rho}{\partial t} = D_z \frac{\partial^2 \rho}{\partial z^2} \tag{5-12}$$

式中　ρ——扩散物质的质量浓度,kg/m^3;

　　　t——扩散时间,s;

　　　D_z——原子沿厚度方向的扩散系数,m^2/s;

　　　z——沿厚度方向的距离,m。

热轧过程中,纳米粒子在高温带钢表面的扩散可视为衰减薄膜源扩散[13],且仅考虑纳米粒子向高温钢板一侧的扩散,不考虑与工作辊之间的扩散作用。此时,式(5-12)的解即扩散物质的浓度与扩散系数的关系,可由以下高斯解的方式表示:

$$\rho(z,t) = \frac{W}{\sqrt{\pi D_z t}} \exp\left(-\frac{z^2}{4 D_z t}\right) \tag{5-13}$$

式中　W——纳米粒子单位面积钢板表面沉积的质量,kg/m^2。

进一步根据统计物理均分定理,可以得到原子的平均扩散深度 d_c 与扩散时间 t 的关系:

$$d_c^2 = \frac{\int_0^{+\infty} z^2 \rho(z,t) \mathrm{d}z}{\int_0^{+\infty} \rho(z,t) \mathrm{d}z} = \frac{\dfrac{W}{\sqrt{\pi D_z t}} \int_0^{+\infty} z^2 \exp\left(-\dfrac{z^2}{4 D_z t}\right) \mathrm{d}z}{W} \tag{5-14}$$

$$d_c = \sqrt{2 D_z t} \tag{5-15}$$

由于 Mo 原子在铁晶格中的扩散以置换型溶质扩散为主,因此需用 Mo-Fe 原子的互扩散系数 $\widetilde{D_z}$ 代替两种原子的扩散系数 $D_z(\text{Mo})$ 和 $D_z(\text{Fe})$:

$$\widetilde{D_z} = D_z(\text{Mo})\, w_1 + D_z(\text{Fe})\, w_2 \qquad (5\text{-}16)$$

式中　w_1、w_2——扩散界面处 Mo 和 Fe 原子的质量分数比例，$w_1 + w_2 = 1$。

假设有足量纳米粒子均匀铺展在金属表面，此时可认为 $w_1 = w_2 = 0.5$，即：

$$\widetilde{D_z} = \frac{1}{2} D_z(\text{Mo}) + \frac{1}{2} D_z(\text{Fe}) \qquad (5\text{-}17)$$

考虑到实际热轧过程中，MoS_2 的扩散会受到多重因素的影响，如钢板表面氧化层的形成、Al_2O_3 粒子的沉积、表面化学反应的能量变化等。同时，上述计算模型仅考虑了热轧首道次的钢板温度和轧制变形区压强。因此，需向式(5-15)中引入实际情况下 Mo 和 S 原子扩散的修正系数 C_1 和 C_2。综上，MoS_2 纳米粒子中的 Mo 和 S 原子向高温带钢表面扩散的平均深度 d_c 与时间的关系分别满足：

$$d_c(\text{Mo}) = C_1 \sqrt{\left[D_z(\text{Mo}) + D_z(\text{Fe})\right] t} \qquad (5\text{-}18)$$

$$d_c(\text{S}) = C_2 \sqrt{2 D_z(\text{S}) t} \qquad (5\text{-}19)$$

将 $FeMo_4S_6$ 相晶粒距钢板表面的平均距离判定为 Mo 原子的实际扩散深度 d_a。对于 S 原子，由于 $FeMo_4S_6$ 和 FeS 晶粒中的 S 含量不同，因此其实际扩散深度为：

$$d_a(\text{S}) = \frac{6l(\text{FeMo}_4\text{S}_6) + l(\text{FeS})}{7} \qquad (5\text{-}20)$$

式中　l——扩散相晶粒距轧后带钢表面的距离，μm。

根据 5.2.1 小节中 $FeMo_4S_6$ 及 FeS 相的分布获取到 Mo 和 S 原子的平均扩散深度分别为 6.1 μm 和 10.8 μm，且此时的温度、压强和扩散时间约为 900 ℃、430 MPa 和 5 s，估算得到修正系数 C_1、C_2 分别为 0.33 和 0.45。进一步将式(5-9)、式(5-10)、式(5-11)代入式(5-18)和式(5-19)，即得到纳米复合流体中 MoS_2 纳米粒子的 Mo 和 S 原子在热轧过程中向带钢表面的扩散深度 d_c 与温度 T、压强 p 和时间 t 的经验方程：

$$d_c(\text{Mo}) = 3.3 \times 10^{-9} \sqrt{(1.65 \times 10^4 + 263.3T - 90.5p + 0.18T \cdot p - 0.001\,5T^2 + 0.29p^2)t} \quad (\text{m})$$

$$(5\text{-}21)$$

$$d_c(\text{S}) = 4.5 \times 10^{-9} \sqrt{(6.56 \times 10^5 - 225.9T - 3\,254.3p + 2.26T \cdot p + 0.436T^2 + 4.64p^2)t} \quad (\text{m})$$

$$(5\text{-}22)$$

进一步利用两组热轧实验对上述经验方程进行实验验证，通过测温枪和调节压下率控制带钢热轧过程中的温度和变形区压强。保持润滑条件和其他轧制工艺参数不变，两组实验的开轧温度、首道次压下率及相对应的接触区面积分别为 1 000 ℃、25%、262.5 mm² 和 850 ℃、30%、315 mm²。热轧验证实验的结果见表 5-5,包括首道次轧制力、首道次轧制变形区压强、Mo/S 原子实际扩散深度以及理论值。

表 5-5 不同热轧实验条件下 Mo 和 S 原子实际扩散深度与理论计算值

实验条件		轧制力	变形区压强	$d_a/\mu m$		$d_c/\mu m$	
温度/℃	压下率/%	/kN	/MPa	Mo	S	Mo	S
1 000	25	129	491	7.2	13.4	6.5	12.3
850	30	165	524	6.4	11.2	6.2	11.7

由表 5-5 可知,在两种实验条件下 Mo 和 S 原子向带钢表面扩散深度的实际值与理论值的平均偏差分别约为 7.0% 和 6.6%。这一结果表明,本部分研究建立的经验方程具有较高的准确性,能够用来预测含 MoS_2 粒子的纳米流体充分应用于板带钢热轧润滑时各原子的扩散情况,进而为实际生产过程提供参考。

本章参考文献

[1] 时旭,刘相华,王国栋.薄板轧制的接触摩擦及其对轧制力的影响[J].塑性工程学报,2005,12(3):31-34.

[2] 康永林,孙建林.轧制工程学[M].2 版.北京:冶金工业出版社,2014.

[3] XIONG S,LIANG D,WU H,et al.Preparation,characterization,tribological and lubrication performances of Eu doped CaWO₄ nanoparticle as anti-wear additive in water-soluble fluid for steel strip during hot rolling [J].Applied surface science,2021,539:148090.

[4] 韩鹏龙,王若思,张彩军,等.转炉-RH 流程 O5 板显微夹杂物的研究[J].钢铁钒钛,2014,35(3):111-115.

[5] YU X L,JIANG Z Y,ZHAO J W,et al.The role of oxide-scale microtexture on tribological behaviour in the nanoparticle lubrication of hot rolling[J].Tribology international,2016,93:190-201.

[6] ZHANG Z Q,JING H Y,XU L Y,et al.Microstructural characterization and electron backscatter diffraction analysis across the welded interface of duplex stainless steel[J].Applied surface science,2017,413:327-343.

［7］ PERDEW J P，BURKE K，ERNZERHOF M. Generalized gradient approximation made simple［J］. Physical review letters，1996，77（18）：3865-3868.

［8］ KRESSE G，JOUBERT D. From ultrasoft pseudopotentials to the projector augmented-wave method［J］. Physical review B，1999，59（3）：1758-1775.

［9］ RAPPE A K，CASEWIT C J，COLWELL K S，et al. UFF，a full periodic table force field for molecular mechanics and molecular dynamics simulations［J］. Journal of the American chemical society，1992，114（25）：10024-10035.

［10］ LIU Z W，HUANG X F，XIE H M，et al. The artificial periodic lattice phase analysis method applied to deformation evaluation of TiNi shape memory alloy in micro scale［J］. Measurement science and technology，2011，22（12）：125702.

［11］ SANTOS P，COUTINHO J，ÖBERG S. First-principles calculations of iron-hydrogen reactions in silicon［J］. Journal of applied physics，2018，123（24）：245703.

［12］ WEN X L，BAI P P，ZHENG S Q，et al. Adsorption and dissociation mechanism of hydrogen sulfide on layered FeS surfaces：a dispersion-corrected DFT study［J］. Applied surface science，2021，537：147905.

［13］ 胡赓祥，蔡珣，戎咏华. 材料科学基础［M］.3 版. 上海：上海交通大学出版社，2010.

第6章　纳米流体对金属的氧化抑制作用研究

在纳米复合流体润滑状态下,轧后带钢表面氧化层明显变薄且高价氧化物 Fe_2O_3 的比例有一定程度的降低。同时,物相表征结果表明有一定量的纳米 Al_2O_3 沉积在了带钢表面,经推测能够起到隔绝金属与空气接触,进而抑制带钢高温氧化的作用。为了验证上述推测,本章排除了 MoS_2 纳米粒子的影响,单纯地对 Al_2O_3 粒子作用下带钢的高温氧化行为进行了探索。首先,进行 Al_2O_3 纳米流体润滑条件下的带钢热轧实验,并重点对表面氧化层的结构和成分进行表征;随后,通过热重分析法研究了纳米 Al_2O_3 作用下带钢在不同温度下的恒温氧化过程,从而获取相关的氧化动力学规律;最后,进一步借助分子动力学模拟,从原子尺度出发在本质上揭示了纳米复合流体中的 Al_2O_3 粒子在板带钢热轧过程中实现防氧化作用的微观机理。

6.1　轧后氧化层结构及成分分析

6.1.1　轧后带钢表面形貌

首先,制备了浓度为 $5\%Al_2O_3$ 纳米流体作为热轧润滑剂进行带钢热轧实验,并进行无润滑和基础液润滑条件下的热轧实验作为对照组。实验所用的带钢规格、轧制规程等参数与 5.1 节相同。各组轧后带钢样品在去除未与表面紧密结合的极疏松的氧化铁皮后,沿中心区域取样进行后续观察和表征。随后,采用三维激光共聚焦显微镜(Laser Scanning Confocal Microscope, LSCM)对无润滑、采用基础液和 $5\%Al_2O_3$ 纳米流体润滑条件下的轧后带钢表面的 2D、3D 形貌及轮廓曲线进行表征,结果如图 6-1 所示。从图 6-1(a)中可以观察到,无润滑轧制的带钢由于严重的黏着磨损,大面积的表面金属被剥落。采用基础液润滑后[图 6-1(b)],表面质量得到小幅度提升。相较

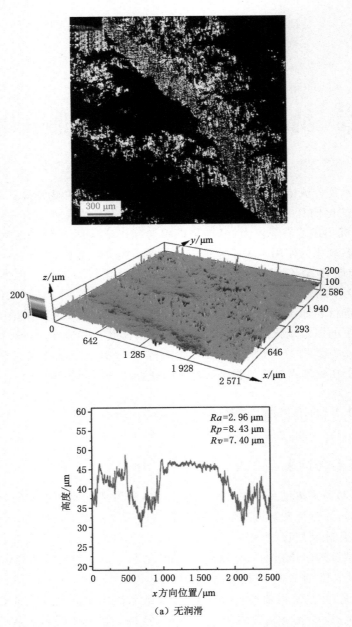

（a）无润滑

图 6-1　无润滑、基础液和 5％Al$_2$O$_3$ 流体润滑条件下轧后
带钢表面的 2D、3D 形貌及表面轮廓曲线

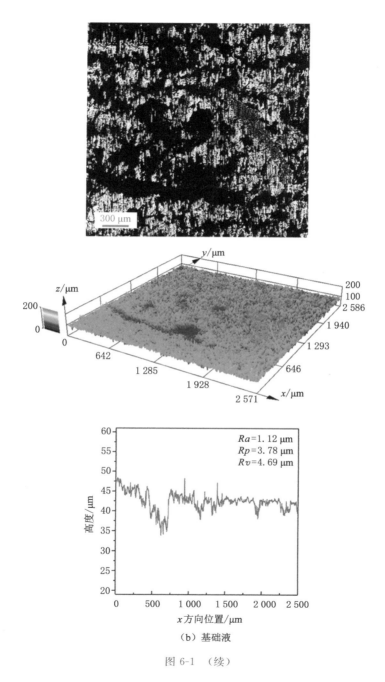

（b）基础液

图 6-1　（续）

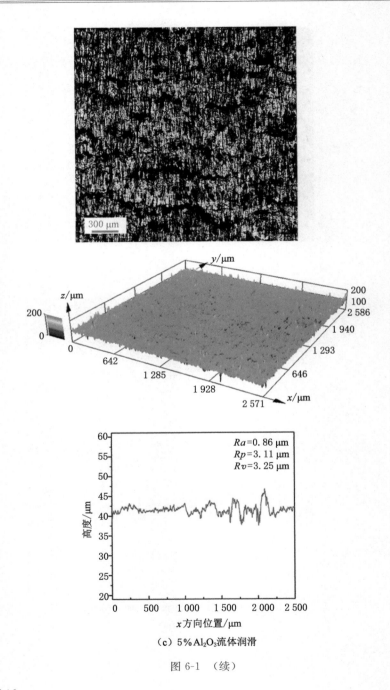

（c）5%Al₂O₃流体润滑

图 6-1 （续）

而言,高浓度的 Al_2O_3 纳米流体能够最大限度地减少表面缺陷,尤其是黏着磨损现象基本消失,如图 6-1(c)所示。此时,表面粗糙度 Ra、Rp 和 Rv 值均显著降低,表明轧后表面的微凸体和犁沟也被削弱和填平,表面质量得到了改善。

6.1.2　氧化层的截面结构及成分

采用 SEM 和 EDS 线扫描对上述三种润滑条件下轧后带钢表层区域的截面进行表征,结果如图 6-2 所示。氧化层的厚度可以通过分析 Fe 和 O 元素含量的变化得到。从图 6-2(a)中可以看出,不采用润滑剂的轧后带钢表面氧化层厚度极高,平均约为 78.8 μm,且其中有大量的裂纹和孔洞。氧化层和金属基体的界面处也极不均匀,呈现锯齿状边缘。采用基础液润滑时,如图 6-2(b)所示,氧化层厚度降低至大约 60.4 μm,其中的裂纹和孔洞明显减少且界面处也变得平滑。进一步,当采用润滑效果更佳的 Al_2O_3 纳米流体时,氧化层平均厚度仅有 39.5 μm,此时钢板的高温氧化程度最低。氧化层与基体的界面也极为平缓,锯齿形边缘基本消失,这有助于降低酸洗难度以及提高酸洗后产品表面质量,也能够降低后续精加工的难度及成本。此外,观察图 6-2(c)中的EDS 线扫描结果可以发现,在氧化层的最外侧出现了一定含量的 Al 元素,因此可以断定 Al_2O_3 纳米粒子牢固地沉积和吸附在带钢表面,即形成了稳定的Al_2O_3 层。

为证实上述对于形成 Al_2O_3 层的推测以及进一步揭示 Al_2O_3 纳米粒子对带钢表面氧化的影响,采用 TEM 的扫描电镜模式(STEM)对轧后带钢的最表层区域进行表征,结果如图 6-3 所示。结合 EDS 面扫描结果可以清楚地观察到在氧化层外侧生成了明显的氧化铝沉积层,平均厚度约为 193 nm。其结构比较致密,除了 Al 元素外,还存在一定数量的 C 和 Fe 元素。因此,可以确认在热轧过程中,纳米流体中的 Al_2O_3 粒子以及有机分子确实能够牢固地沉积和吸附在金属表面,形成致密的保护层。Al_2O_3 保护层较高的致密度和稳定性有效地阻止了高温带钢表面与环境气体的直接接触,从而实现防氧化的作用。与此同时,Fe 元素也向 Al_2O_3 层中渗透扩散,部分也会与空气接触发生氧化,但由于 Al_2O_3 层对原子和分子扩散较高的穿透阻隔性,其扩散通量相比直接与外界接触时大幅降低,这部分内容将在后续章节深入研究。

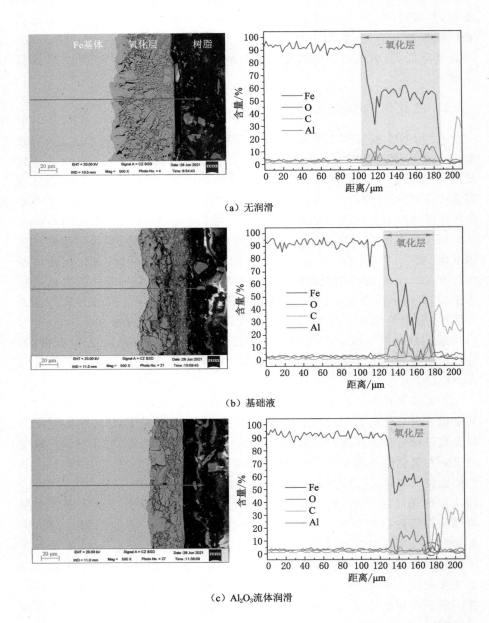

（a）无润滑

（b）基础液

（c）Al₂O₃流体润滑

图 6-2　无润滑、基础液和 Al₂O₃ 流体润滑条件下的轧后带钢表层
区域截面的 SEM 图及 EDS 线扫描结果

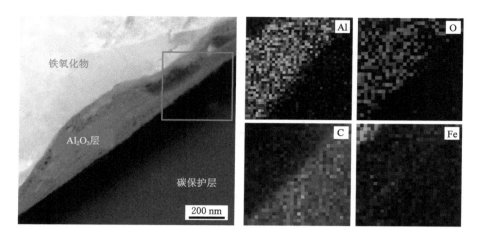

图 6-3　Al_2O_3 纳米流体润滑下轧后带钢最表层区域的 STEM 图和 EDS 面扫描结果

6.2　恒温氧化实验及氧化动力学研究

恒温氧化实验在同步热重分析仪中进行,试样所需材料取自初始状态的 Q235B 钢,试样尺寸为 $\phi5\ mm\times1\ mm$。恒温氧化实验前对试样表面进行打磨和抛光处理,至表面粗糙度 Ra 约为 $0.5\ \mu m$。试样分为两组,分别涂覆足量的基础液和 Al_2O_3 纳米流体,随后在空气中自然干燥。恒温氧化实验的温度设置为 900 ℃(1 173 K)、1 000 ℃(1 273 K)、1 100 ℃(1 373 K)和 1 200 ℃(1 473 K),实验气氛为 1 atm 压强下的干燥空气。氧化实验的加热曲线如图 6-4 所示,所有的试样首先在氩气保护气氛中以 10 ℃/min 的升温速率加热至目标温度,随后保持温度不变,将气氛切换为空气,使样品经历 3 600 s 的恒温氧化过程。恒温氧化实验结束后,样品自然冷却至室温。实验过程中采用同步热分析仪中的超高精度微量天平连续测量并记录各组样品的质量变化,进而计算得到相应的氧化增重率 $\Delta W(g/cm^2)$。

6.2.1　氧化增重曲线分析

涂覆基础液和 Al_2O_3 纳米流体的两组试样在不同实验温度下的氧化增重曲线如图 6-5 所示。可以发现,所有的曲线均遵循经典的"抛物线-线性氧化规律"[1]:① 在氧化的初始阶段(0~1 500 s),钢板的氧化速率较高,但随实

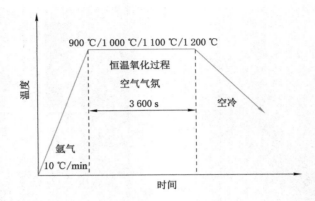

图 6-4　恒温氧化实验的加热曲线

验进行其氧化速率逐渐降低并趋于稳定，即抛物线氧化阶段；② 在后续的线性氧化阶段（1 500～3 600 s），氧化速率基本保持恒定不变。随着氧化温度的提高，各组样品的氧化增重率 ΔW 也相应升高，尤其是在 1 200 ℃时，ΔW 相对于 1 100 ℃增长尤为剧烈。

根据金属高温氧化理论并结合氧化增重曲线[2]，可知恒温氧化过程的氧化增重率 ΔW 与氧化时间 t 符合如下关系：

$$\Delta W = \begin{cases} (k_{\mathrm{p}}t)^{\frac{1}{2}}, & t \leqslant 1\ 500\ s \\ k_1 t + C, & 1\ 500\ s < t \leqslant 3\ 600\ s \end{cases} \tag{6-1}$$

式中　k_{p}——抛物线氧化阶段的速率系数，$g^2/(\mathrm{cm}^4/s)$；

　　　k_1——线性氧化阶段的速率系数，$g/(\mathrm{cm}^2/s)$；

　　　C——氧化增重常数，g/cm^2。

根据式（6-1）计算得到不同试样在各温度下的抛物线氧化阶段的氧化增重率的平方 ΔW^2 以及线性氧化阶段的氧化增重率 ΔW 随时间的变化曲线，如图 6-6 所示。这些数据点的线性拟合程度较好，说明本研究中两组试样的氧化规律均遵循前文所述的"抛物线-线性氧化规律"。按照式（6-1）拟合得到具体的氧化增重方程见表 6-1。由结果可知，随着温度的提高，抛物线阶段的速率系数 k_{p} 相比于线性阶段增加幅度较大。例如，对于涂覆 Al_2O_3 纳米流体的样品，在 1 200 ℃下氧化的抛物线速率系数[1.31×10^{-5} $g^2/(\mathrm{cm}^4/s)$]比 900 ℃时[5.01×10^{-8} $g^2/(\mathrm{cm}^4/s)$]高将近 3 个数量级。在相同的氧化温度下，有纳米粒子存在时的 k_{p} 和 k_1 均低于不含纳米粒子的试样。上述结果证明，在带

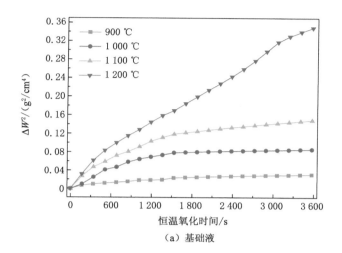

（a）基础液

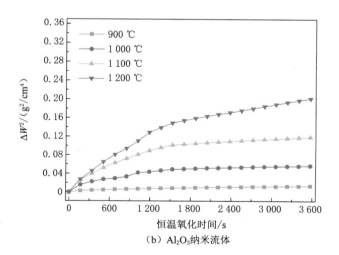

（b）Al₂O₃纳米流体

图 6-5　涂覆不同润滑流体的试样在不同温度下的氧化增重曲线

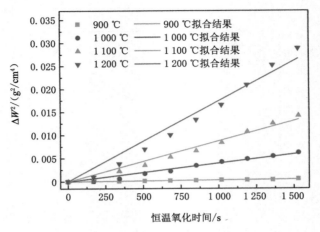

（a）基础液-抛物线阶段

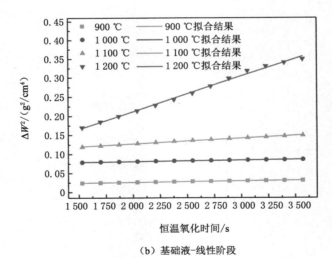

（b）基础液-线性阶段

图 6-6　各试样在不同氧化阶段的氧化增重率的线性拟合结果

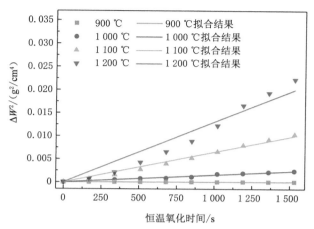

（c）Al$_2$O$_3$流体-抛物线阶段

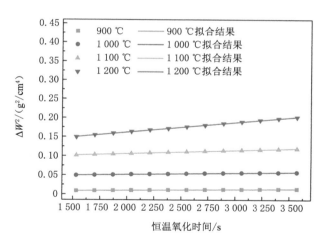

（d）Al$_2$O$_3$流体-线性阶段

图 6-6　（续）

钢热轧过程中金属表面沉积吸附的 Al_2O_3 层能够作为物理屏障,阻止氧元素向金属表面和基体内的扩散,降低了总体氧化速率。在抛物线阶段迅速生成的氧化层也能够对后续氧化过程起到一定的抑制作用,使氧化速率趋于稳定,从而出现线性氧化阶段。

表 6-1 两组样品在不同温度下的氧化增重方程

样品	温度/℃	抛物线阶段(0~1 500 s)	线性阶段(1 500~3 600 s)
涂覆基础液	900	$\Delta W = (2.81 \times 10^{-7} t)^{1/2}$	$\Delta W = 3.55 \times 10^{-6} t + 0.019$
	1 000	$\Delta W = (3.87 \times 10^{-6} t)^{1/2}$	$\Delta W = 3.58 \times 10^{-6} t + 0.074$
	1 100	$\Delta W = (8.74 \times 10^{-6} t)^{1/2}$	$\Delta W = 1.46 \times 10^{-5} t + 0.098$
	1 200	$\Delta W = (1.74 \times 10^{-5} t)^{1/2}$	$\Delta W = 9.25 \times 10^{-5} t + 0.026$
涂覆 Al_2O_3 纳米流体	900	$\Delta W = (5.01 \times 10^{-8} t)^{1/2}$	$\Delta W = 2.40 \times 10^{-6} t + 0.005$
	1 000	$\Delta W = (1.60 \times 10^{-6} t)^{1/2}$	$\Delta W = 3.78 \times 10^{-6} t + 0.044$
	1 100	$\Delta W = (6.54 \times 10^{-6} t)^{1/2}$	$\Delta W = 8.45 \times 10^{-6} t + 0.090$
	1 200	$\Delta W = (1.31 \times 10^{-5} t)^{1/2}$	$\Delta W = 2.55 \times 10^{-5} t + 0.111$

6.2.2 氧化动力学规律及氧化活化能

涂覆基础液和 Al_2O_3 纳米流体的两组试样在抛物线氧化阶段的速率系数 k_p 随氧化温度(已换算为绝对温度)的变化如图 6-7 所示。通常情况下,金属氧化过程在抛物线阶段的速率系数随温度的变化可以反映其氧化动力学规律[3]。根据阿伦尼乌斯方程,可以获得氧化过程的化学反应速率系数随温度变化的数学关系:

$$k_p = A_0 \cdot \exp\left(-\frac{E_0}{RT}\right) \tag{6-2}$$

式中 A_0——频率因子,$g^2/(cm^4/s)$;

E_0——氧化反应的活化能,J/mol;

T——绝对温度,K;

R——理想气体常数,8.314 J/(mol/K)。

将两组样品在不同实验温度下的 k_p 按照式(6-2)进行拟合,得到基础液(BF)和 Al_2O_3 纳米流体(NF)作用下钢板高温氧化的动力学方程:$k_p(BF) = 0.42 \cdot \exp(-14\ 866.1/T)$($R^2 = 0.988$);$k_p(NF) = 1.41 \cdot \exp(-17\ 058.3/T)$($R^2 = 0.978$)。进一步计算即得到氧化反应的活化能:$E_0(BF) = 123.6$ kJ/mol;

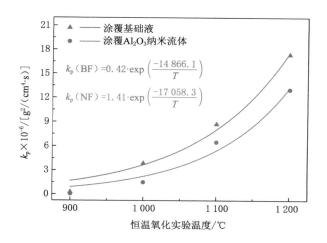

图 6-7 涂覆不同润滑剂的试样氧化动力学分析及相应动力学方程

$E_0(\text{NF})=141.8$ kJ/mol。由以上实验结果且从反应动力学的层面分析可知，纳米复合流体润滑剂中 Al_2O_3 纳米粒子的存在使带钢在热轧的高温环境中发生氧化反应需克服的能垒，即反应的难度提高了约 14.5%。特别的，由图 6-5 可以发现氧化温度升高至 $1\,200\ ^\circ\text{C}$ 时，Al_2O_3 纳米粒子作用下的钢板试样氧化增重没有出现对照组的陡然上升情况，说明其在较高温度下的氧化抑制作用更加显著。

6.3 氧化气体高温扩散的分子动力学模拟

6.3.1 模型构建及模拟参数设置

为深入考察 Al_2O_3 纳米层对热轧带钢的氧化抑制作用机理，采用分子动力学模拟对氧化性气体分子的高温扩散行为开展了研究。根据实际热轧过程的氧化环境情况，考虑到带钢表面的 Fe 除与 O_2 发生氧化反应外，还会与高温水蒸气发生如下反应生成氧化物：

$$3Fe+4H_2O(g) \longrightarrow Fe_3O_4+4H_2 \tag{6-3}$$

因此，本节选用了 O_2 和 H_2O 两种气体分子作为氧化介质，研究其在不同体系中的扩散状况。首先，借助 Materials Studio 中的 Amophous Cell 模块构建了包含 50 个 O_2 和 50 个 H_2O 分子与 γ-Fe 的(110)晶面相互作用的模型,如图 6-8 所示。

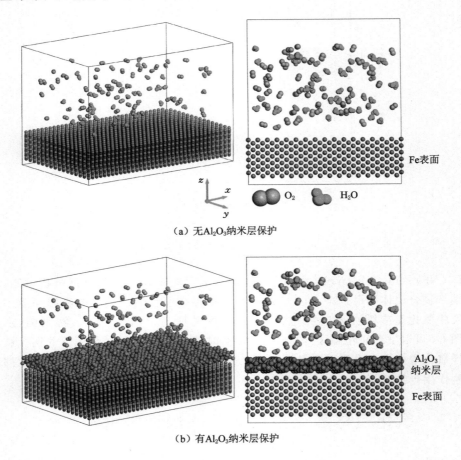

（a）无 Al_2O_3 纳米层保护

（b）有 Al_2O_3 纳米层保护

图 6-8 O_2 及 H_2O 分子在无 Al_2O_3 纳米层保护和有 Al_2O_3 纳米层保护的
Fe 表面扩散的分子动力学模型

图 6-8(a)和(b)分别为钢板表面不含 Al_2O_3 以及含有 Al_2O_3 纳米层的模拟体系,模型的总尺寸为 80 Å×50 Å×60 Å,图 6-8(b)中 Al_2O_3 纳米层的尺寸约为 80 Å×50 Å×6.5 Å。γ-Fe 表面、Al_2O_3 层和气体分子的相关结构参数均来自被广泛用于模拟多种分子吸附和扩散性质的 Universal 力场。随后,采用 Materials Studio 中的 Forcite 模块进行分子动力学模拟。对系统施

加沿 z 轴负方向的压力 p_0，大小设定为 100 MPa，以模拟实际热轧条件。由于分子的扩散运动对环境温度极其敏感，因此选取了 900 ℃、1 000 ℃、1 100 ℃、1 200 ℃ 和 1 300 ℃ 共五个模拟温度。在采用 Forcite 中的 Dynamics 模块进行动力学模拟前，各模型均在上述压力和相应温度下弛豫 200 ps，使体系达到平衡状态。最后，利用 NVT 系综进行动力学模拟，使气体分子自由扩散。每次模拟的总时间设定为 1 000 ps，以保证气体分子充分扩散，时间步长为 1 fs，每 10 ps 记录并输出一次体系中各分子运动的轨迹等信息。

6.3.2　模拟体系势能及原子扩散行为

两组分子扩散模型在不同温度下体系的势能随模拟时间的变化曲线如图 6-9 所示，设定的零势能面为无穷远处，同时计算了稳定阶段（200～1 000 ps）势能的平均值。图 6-9 中稳定阶段的出现表明分子的扩散以及分子与表面的相互作用达到了相对稳定，也反映了上述模型和参数设置的合理性。两组模型的体系势能均为正值且随着温度的增加而升高，即温度的提高使分子热运动的频率和能量提高，提升了与金属表面发生碰撞以及化学反应的概率。值得注意的是，同温度下含有 Al_2O_3 纳米层的扩散体系其势能均低于不含 Al_2O_3 纳米层的体系。经推测，这一现象是因为 Al_2O_3 能够对气体起到一定的吸附和隔离作用，抑制了其自由扩散，从而使体系更稳定，氧化反应的强度下降。

参照 5.3.2 小节的式（5-7）计算得到各体系中的 O_2 和 H_2O 分子自由扩散的均方位移 MSD_a 随时间的变化曲线，结果如图 6-10 所示。通过分析上述结果可以发现，Al_2O_3 纳米层的存在对于两种气体介质分子的扩散均有明显的抑制效果。其中，对 O_2 分子在 1 300 ℃ 时的扩散抑制效果约为 20.7%，而对 H_2O 分子的扩散抑制作用更加明显，在 1 300 ℃ 下其最终态的 MSD 由 $2.38×10^6$ Å^2 下降至 $1.34×10^6$ Å^2，扩散抑制作用达到了 43.7%。经计算，H_2O 分子的范德瓦耳斯作用体积（20.6 Å^3）和表面积（130.4 Å^2）均小于 O_2 分子的体积（24.5 Å^3）和表面积（143.0 Å^2）。因此，H_2O 分子相对应的自由体积分数较大，对 Al_2O_3 纳米层中的孔容利用率也更高[4]，Al_2O_3 纳米层对 H_2O 分子扩散运动的阻碍能力相比 O_2 分子也更强，即具备更明显的穿透阻隔性，所以 H_2O 分子的 MSD 变化相比 O_2 也更加显著。

参照 5.3.2 小节的式（5-8）进一步计算得到各体系中气体分子在不同温度下自由扩散的扩散系数 D_a，结果见表 6-2。随着温度的升高，两种气体分子的扩散系数也呈现上升趋势，说明分子的热运动愈发激烈。类似的，将各温度下的扩散系数按照式（6-4）所示的阿伦尼乌斯关系拟合，即得到气体分子在不同

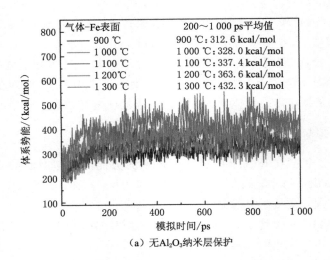

（a）无Al₂O₃纳米层保护

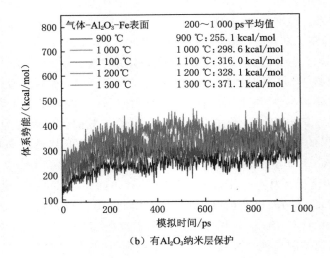

（b）有Al₂O₃纳米层保护

图 6-9　无 Al₂O₃ 纳米层保护和有 Al₂O₃ 纳米层保护的
分子动力学模型在不同模拟温度时的体系势能变化

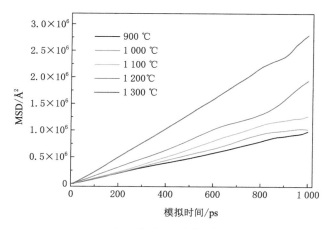

（a）O₂在无Al₂O₃纳米层保护的体系中

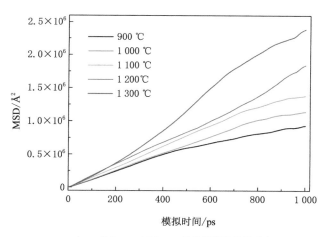

（b）H₂O在无Al₂O₃纳米层保护的体系中

图 6-10　O₂、H₂O 在无 Al₂O₃ 纳米层保护的体系以及在有
Al₂O₃ 纳米层保护的体系中扩散的均方位移随时间的变化

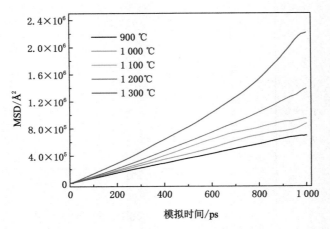

（c）O_2在有Al_2O_3纳米层保护的体系中

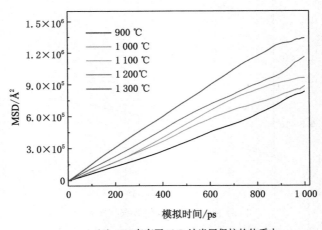

（d）H_2O在有无Al_2O_3纳米层保护的体系中

图 6-10 （续）

条件下的 Fe 表面扩散的动力学关系以及扩散活化能 E_d：

$$D_a = A_d \cdot \exp\left(-\frac{E_d}{RT}\right) \tag{6-4}$$

式中　A_d——频率因子，$g^2/(cm^4/s)$；

　　　E_d——气体分子扩散的活化能，J/mol；

　　　T——绝对温度，K；

　　　R——理想气体常数，$8.314\ J/(mol/K)$。

表 6-2　各体系中 O_2 和 H_2O 分子在不同温度下的扩散系数 D_a

单位：$10^{-6}\ m^2/s$

温度/℃		900	1 000	1 100	1 200	1 300
O_2	无 Al_2O_3	1.545	1.955	2.468	3.103	4.646
	有 Al_2O_3	1.168	1.482	1.893	2.535	3.337
H_2O	无 Al_2O_3	1.516	2.117	2.630	3.283	4.986
	有 Al_2O_3	1.378	1.639	1.981	2.417	2.934

当钢板表面没有 Al_2O_3 纳米层保护时：$D_a(O_2) = 1.55 \times 10^{-4} \cdot \exp(-5\ 608.3/T)$，$E_d(O_2) = 46.6\ kJ/mol$，$D_a(H_2O) = 1.90 \times 10^{-4} \cdot \exp(-5\ 815.8/T)$，$E_d(H_2O) = 48.4\ kJ/mol$；表面有 Al_2O_3 纳米层保护时：$D_a(O_2) = 0.92 \times 10^{-4} \cdot \exp(-5\ 429.4/T)$，$E_d(O_2) = 45.1\ kJ/mol$，$D_a(H_2O) = 0.30 \times 10^{-4} \cdot \exp(-3\ 667.5/T)$，$E_d(H_2O) = 30.5\ kJ/mol$。

根据上述氧化动力学关系，也能够发现当 Fe 表面有 Al_2O_3 纳米层保护时气体分子的扩散系数较低。更重要的是，该条件下气体分子的扩散活化能也有一定程度的降低，表明随着温度逐渐升高，气体分子向金属基体中扩散速率增加的趋势也变得平缓[5]。为了明确出现这一现象的微观机制，接下来对气体分子在不同模型中的位置分布、相对浓度变化和吸附行为进行分析。

图 6-11 所示为 1 300 ℃下模拟最终态时刻(1 000 ps)模型的静态快照以及不同温度下两种气体分子沿 z 方向的相对浓度分布。由图 6-11(a)可知，当 Fe 层直接暴露在氧化气氛中时，金属表面的 O_2 和 H_2O 分子的浓度均处于相对较高的水平，且温度的变化对其分布无明显影响。当 Fe 表面有 Al_2O_3 保护时，如图 6-11(b)所示，有大量的分子聚集在 Al_2O_3 层的上表面，分子的浓度接近 3% 且显著高于其他位置。同时，仅有极低浓度的分子扩散到了 Fe 表面。由于本部分模拟研究采用的是经典动力学方法，仅能够获取原子和分

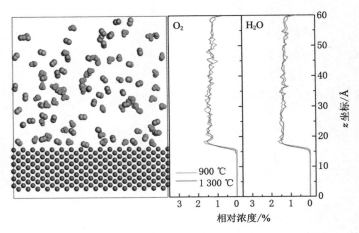

（a）无Al₂O₃纳米层

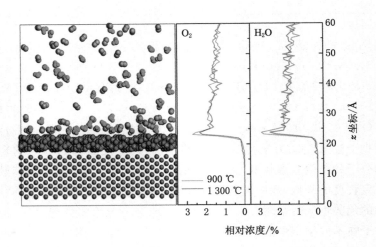

（b）有Al₂O₃纳米层

图 6-11　1 300 ℃下模拟最终时刻模型的静态快照以及 O_2、H_2O 分子在
无 Al_2O_3 纳米层和有 Al_2O_3 纳米层的体系中沿 z 方向的相对浓度分布

子间的非键相互作用,所以无法直接得到电子转移、共价键成断等化学反应过程[6]。因此,综合考虑 Al_2O_3 极高的化学反应惰性,气体分子的积累现象主要源于 Al_2O_3 层对 O_2 及 H_2O 分子的物理吸附作用和穿透阻隔作用。随着模拟温度的升高,吸附气体分子的浓度有一定程度的降低,即物理吸附强度略微变弱,这一结果符合 Langmuir 吸附模型。Al_2O_3 纳米层的上述物理吸附和穿透阻隔作用,有效地降低了气体介质分子的扩散系数,Al_2O_3 对分子一定的吸附强度也降低了其扩散系数对温度升高的敏感性。在经典分子动力学力场下,Fe 表面未出现相似的分子聚集情况,表明 O_2、H_2O 分子与金属表面之间的相互作用更多的是化学反应过程而不是物理吸附。此时气体分子的扩散系数也较高,而这会提高 O_2 和 H_2O 分子与金属表面原子碰撞的频率和幅度,从而促进 Fe 表面氧化反应的发生。

6.3.3　氧化气体分子在高温金属表面的吸附

为了验证两种气体分子分别在 Al_2O_3 和 Fe 表面吸附行为的差异,基于量子化学方法,采用 Materials Studio 中的 DMol^3 模块,选用了 GGA/PBE 泛函计算了单一气体分子在不同吸附表面的吸附能 E_{ads},结果见表 6-3。吸附能具体由式(6-5)计算得到:

$$E_{ads} = E_{tot} - (E_{mol} + E_{sur}) \qquad (6-5)$$

式中　E_{tot}——气体分子和吸附表面体系的总能量,kJ/mol;

　　　E_{mol}——孤立气体分子的能量,kJ/mol;

　　　E_{sur}——未吸附气体分子时吸附表面的能量,kJ/mol。

表 6-3　O_2 和 H_2O 分子与 Fe 和 Al_2O_3 表面吸附过程相关的作用能

吸附体系	E_{ads}/(kJ/mol)	E_{tot}/(kJ/mol)	E_{mol}/(kJ/mol)	E_{sur}/(kJ/mol)
O_2-Fe	−125.4	147.9	30.1	243.2
O_2-Al_2O_3	−27.5	2 320.3	30.1	2 317.7
H_2O-Fe	−133.7	148.2	38.7	243.2
H_2O-Al_2O_3	−32.4	2 324.0	38.7	2 317.7

由表 6-3 可以看出,O_2、H_2O 分子与 Fe、Al_2O_3 表面相互作用的吸附能均为负值,说明气体分子与两种表面间均存在明显的相互吸引作用。其中,气体分子在 Al_2O_3 表面的吸附能 E_{ads} 的绝对值小于 40 kJ/mol,证明了 O_2 和 H_2O 分子与 Al_2O_3 保护层的相互作用以物理吸附为主,而气体分子与 Fe 表面吸

附能的绝对值较高且远大于 40 kJ/mol,为典型的化学吸附作用[7]。这一结果进一步证明了 O_2 和 H_2O 分子易与高温 Fe 表面发生氧化反应,而与化学惰性的 Al_2O_3 层仅存在物理作用,与上述分子动力学模拟分析结果一致。

基于以上的实验和分子模拟研究结果,对 MoS_2-Al_2O_3 纳米复合流体在热轧过程中对带钢表面结构的影响及作用机制进行讨论和总结,相应的示意图如图 6-12 所示。钢板在热轧前的加热升温过程中,暴露在空气中的表面按照式(6-6)的顺序氧化形成氧化层:

$$Fe \rightarrow FeO \rightarrow Fe_3O_4 \rightarrow \alpha\text{-}Fe_2O_3 \tag{6-6}$$

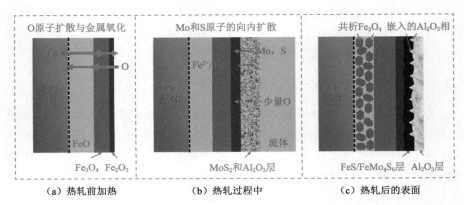

图 6-12　纳米复合流体作用下带钢在热轧前加热、热轧过程中和热轧后的
表面氧化层及扩散层的微观组织演变示意图

如图 6-12(a)所示,基体中的 Fe 原子和空气中的 O 原子分别通过氧化层向外和向内扩散,导致持续的氧化反应形成 Fe^{2+} 和 Fe^{3+},进而形成内侧较厚的 FeO 层、中间较薄的 Fe_3O_4 层和最外侧很薄的 Fe_2O_3 层[8]。相关研究表明,Fe 原子在 FeO 层中的扩散速率远远高于在 Fe_3O_4 中,而 Fe 和 O 原子穿过 Fe_2O_3 进行扩散的速率极慢[1]。因此,后续的氧化反应集中在 Fe_3O_4 与 Fe_2O_3 层的界面处,部分 Fe_3O_4 晶粒继续被氧化为 Fe_2O_3。在热轧过程中,随着纳米复合流体的加入,MoS_2 和 Al_2O_3 纳米粒子在高温金属表面迅速铺展和扩散开来形成纳米层,如图 6-12(b)所示。先前 EBSD 研究结果表明,位于氧化层外侧的由 Al_2O_3 形成的沉积层非常致密,有效阻碍了先前生成氧化物与环境的接触。

结合分子动力学模拟得出的 Al_2O_3 层对 O_2 和 H_2O 分子的物理吸附和穿透阻隔作用,使氧化气体向基体的扩散受到一定程度的抑制。根据 6.2 节的氧化动力学研究,Al_2O_3 层使带钢氧化的活化能提高了约 14.8%,明显降低了在抛物线阶段的氧化速率,使 FeO 相的比例增加。而 FeO 层的硬度相比其他氧化层更低,从而使纳米复合流体润滑下的带钢热轧变形更加均匀,表面裂纹更少。纳米粒子还可以填充金属表面缺陷,促进不同晶粒的紧密排列,进一步抑制氧化[9]。最后在轧后冷却过程中,当带钢温度降低到 570 ℃ 以下时,FeO 变得不稳定并发生以下共析反应分解为 Fe 和 Fe_3O_4:

$$4FeO \Longrightarrow Fe + Fe_3O_4 \tag{6-7}$$

所以最终轧后表面氧化层中 FeO 的比例很低且倾向于在 Fe_3O_4 相中弥散分布。

进一步,MoS_2 纳米粒子具有高反应活性,会与高温金属表面发生化学反应。MoS_2 中的 S 元素被氧化后与氧化层中的 Fe^{2+}/Fe^{3+} 结合形成 FeS,同时 Mo 和 S 原子向 Fe 晶格扩散形成了 $FeMo_4S_6$ 固溶体。$FeMo_4S_6$ 晶体具有层状结构[10],且 FeS 也具有一定的自润滑能力,进一步降低了热轧过程的摩擦磨损。5.2.4 小节图 5-15 所示的 TEM 图像也表明,由于轧辊对带钢表面的高压作用,扩散层中的晶粒排列非常致密,几乎没有空洞。Al_2O_3 晶粒的硬度远高于其他相,部分 Al_2O_3 嵌入了较软的 FeS、$FeMo_4S_6$ 和氧化物中,如图 6-12(c)所示。另外,推测 Fe^{2+}/Fe^{3+} 离子难以穿透惰性的 Al_2O_3 层[11],因此 MoS_2 的上述反应主要发生在 Al_2O_3 层的底部,这合理解释了轧后带钢表面层中 Al_2O_3 和 $FeS/FeMo_4S_6$ 的分层分布现象[12-13]。

本章参考文献

[1] 时旭,刘相华,王国栋.薄板轧制的接触摩擦及其对轧制力的影响[J].塑性工程学报,2005,12(3):31-34.

[2] 康永林,孙建林.轧制工程学[M].2 版.北京:冶金工业出版社,2014.

[3] XIONG S,LIANG D,WU H,et al.Preparation,characterization,tribological and lubrication performances of Eu doped $CaWO_4$ nanoparticle as anti-wear additive in water-soluble fluid for steel strip during hot rolling [J].Applied surface science,2021,539:148090.

[4] 韩鹏龙,王若思,张彩军,等.转炉-RH 流程 O5 板显微夹杂物的研究[J].钢铁钒钛,2014,35(3):111-115.

[5] YU X L,JIANG Z Y,ZHAO J W,et al.The role of oxide-scale microtexture on tribological behaviour in the nanoparticle lubrication of hot

rolling[J].Tribology international,2016,93:190-201.

[6] ZHANG Z Q,JING H Y,XU L Y,et al.Microstructural characterization and electron backscatter diffraction analysis across the welded interface of duplex stainless steel[J].Applied surface science,2017,413:327-343.

[7] PERDEW J P,BURKE K,ERNZERHOF M.Generalized gradient approximation made simple[J].Physical review letters,1996,77(18):3865-3868.

[8] KRESSE G,JOUBERT D.From ultrasoft pseudopotentials to the projector augmented-wave method[J].Physical review B,1999,59(3):1758-1775.

[9] RAPPE A K,CASEWIT C J,COLWELL K S,et al.UFF,a full periodic table force field for molecular mechanics and molecular dynamics simulations[J].Journal of the American chemical society,1992,114(25):10024-10035.

[10] LIU Z W,HUANG X F,XIE H M,et al.The artificial periodic lattice phase analysis method applied to deformation evaluation of TiNi shape memory alloy in micro scale[J].Measurement science and technology,2011,22(12):125702.

[11] SANTOS P,COUTINHO J,ÖBERG S.First-principles calculations of iron-hydrogen reactions in silicon[J].Journal of applied physics,2018,123(24):245703.

[12] WEN X L,BAI P P,ZHENG S Q,et al.Adsorption and dissociation mechanism of hydrogen sulfide on layered FeS surfaces:a dispersion-corrected DFT study[J].Applied surface science,2021,537:147905.

[13] 胡赓祥,蔡珣,戎咏华.材料科学基础[M].3版.上海:上海交通大学出版社,2010.

第 7 章　纳米复合流体诱导的带钢表面耐蚀性强化

　　热轧板带钢的耐腐蚀性能是衡量钢板质量的重要因素,而热轧钢表面生成的氧化层的厚度及致密性直接影响着钢板的耐蚀性。板带钢氧化层中通常存在孔洞、微裂纹和空隙等表面缺陷,在热轧板带钢产品的后续储存、运输及服役过程中,如海洋和大气腐蚀条件,环境中的氧气、水、Cl^-、H_3O^+ 等介质粒子会通过这些表面缺陷进行渗透与金属基体接触,从而导致局部腐蚀现象,降低金属材料的表面使用性能甚至造成服役失效。由上一章的研究结果可知,虽然 MoS_2-Al_2O_3 纳米复合流体作为热轧润滑剂使表面氧化层厚度减小,但轧后带钢的表面质量和氧化层的致密度也显著提高,同时还降低了表层区域的残余应力和变形。此外,纳米复合粒子还与高温金属作用形成了结构和成分复杂的纳米扩散层。上述因素对轧后带钢耐蚀性的影响尚不明确,带钢的腐蚀行为与表面微观结构演变的耦合关系也亟待研究。因此,本章借助电化学方法探索了不同润滑条件下热轧带钢在模拟海水中的腐蚀规律,结合SEM、XPS 等表面和化学表征手段对经电化学实验后的腐蚀表面形貌和腐蚀产物组分进行分析;借助量子化学计算和分子动力学模拟研究腐蚀粒子的吸附和扩散行为,进而从原子尺度揭示纳米复合流体诱导的一系列微观结构演变对轧后表面耐蚀性影响的作用机制。

7.1　轧后表面的电化学腐蚀行为

7.1.1　电化学实验设计

　　电化学腐蚀实验采用 Autolab PGSTAT302 电化学工作站,在典型的标准三电极体系下进行。将无润滑、基础液润滑和 MoS_2-Al_2O_3 纳米复合流体润滑条件下热轧的轧后钢板加工为 10 mm×10 mm×1.5 mm 的试样,与铜导线相连并通过环氧树脂进行密封和固化处理,即得到工作电极,分别标记为 WL、BF、NF。电极裸露的部分为轧后钢板表面,尺寸为 10 mm×10 mm。此外,选取原始钢板并去除表面氧化层后,按同样的方式制样作为对照组,标记为 Bare。使用饱和甘汞电极作为参比电极(SCE),铂电极作为辅助电极,实验所用的溶液介质为 3.5% 的 NaCl 溶液,以模拟海水腐蚀环境。金属电极在溶液中的电化学反应服从 Nernst 方程:

$$E = E^0 + \frac{RT}{nF} \ln \frac{C_1}{C_2} \tag{7-1}$$

式中　E——工作电极电势,V;

　　　E^0——标准电极电势,V;

　　　R——理想气体常数,8.314 J·K/mol;

　　　T——绝对温度,K;

　　　n——电极反应中电子转移数;

　　　F——法拉第常数,96.487 kJ/(V/mol);

　　　C_1、C_2——反应物、产物的浓度,mol/L。

首先,将以上四个试样所在的三电极体系置于 NaCl 溶液中进行 60 min 的开路电位(Open Circuit Potential,OCP)测量,使体系达到相对稳定状态。随后,在开路电位范围内进行电化学交流阻抗谱(Electrochemical Impedence Spectroscopy,EIS)测试,频率范围为 $10^{-2}\sim10^5$ Hz,调制振幅为 10 mV。最后,进行了极化曲线(Polarization Curve,PC)测试,测试范围为 $-1.0\sim+1.5$ V,扫描频率为 1 mV/s。所有的测试均相对于参比电极在 25 ℃下进行,每组实验均重复进行了 3 次以保证结果的可靠性。电化学阻抗实验结果采用 ZSimpWin 软件,进行 Nyquist 阻抗谱、Bode 图以及相应的等效电路分析。

7.1.2　极化曲线与电化学阻抗谱

图 7-1(a)所示为原始钢板及不同润滑条件下的轧后钢板工作电极的极化曲线,通过 Tafel 外推法可以获取各极化曲线的阳极 Tafel 斜率 β_a、阴极 Tafel 斜率 β_c、自腐蚀电位 E_{corr} 和自腐蚀电流密度 i_{corr}。为了直观地评价不同试样的耐蚀性能,进一步计算得到极化电阻 R_p 和腐蚀防护效率 η[1]:

$$R_p = \frac{\beta_a \beta_c}{2.303(\beta_a + \beta_c) i_{corr}} \tag{7-2}$$

$$\eta = \frac{i_{corr,o} - i_{corr,i}}{i_{corr,o}} \tag{7-3}$$

式中　$i_{\text{corr,o}}$——对照组（即原始钢板试样）的自腐蚀电流密度，A/cm^2；

　　　　$i_{\text{corr,i}}$——轧后钢板试样的自腐蚀电流密度，A/cm^2。

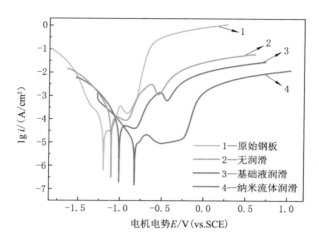

图 7-1　不同试样在 NaCl 溶液中的极化曲线

各组试样的极化曲线相关参数见表 7-1。

表 7-1　不同润滑条件下试样的极化曲线参数

试样	$\beta_a/(\text{mV/s})$	$\beta_c/(\text{mV/s})$	E_{corr}/V	$i_{\text{corr}}/(\text{A/cm}^2)$	R_p/Ω	$\eta/\%$
原始钢板	17.9	20.3	-1.198	1.87×10^{-5}	220.9	—
无润滑	20.4	26.5	-1.107	2.90×10^{-5}	172.6	-55.1
基础液润滑	21.9	32.4	-1.010	9.51×10^{-6}	298.6	49.1
纳米流体润滑	18.5	22.3	-0.082	1.65×10^{-6}	2661.0	91.2

　　结合图 7-1 可以得知，相对于无润滑轧制，采用润滑剂热轧后的试样的 i_{corr} 显著减小，说明其动态腐蚀速率降低。而 E_{corr} 通常代表电化学腐蚀发生的热力学趋势，不能用于直接评价电极的耐腐性能[2]。值得注意的是，无润滑轧制试样的自腐蚀电流密度最高，其腐蚀防护效率为负值（-55.1%）。这是由于无润滑条件下轧后钢板表面氧化层非常疏松且有大量的裂纹，表面粗糙度较高。而在极化过程中，裂纹、凸峰和凹坑等表面缺陷处易于聚集电荷和腐蚀粒子（主要为 Cl^-），使局部腐蚀电流密度增加，进而加剧了金属表面腐蚀，耐蚀性相比于原始样品变低。同时，经基础液润滑轧制钢板的 η 为 49.1%，表明

其表面形成的致密氧化层对于提高耐蚀性也有明显的作用。与原始钢板相比，采用纳米复合流体润滑热轧后试样的 i_{corr} 降低了一个数量级以上，极化电阻 R_p 也升高到较高水平，腐蚀防护效率 η 达到 91.2%。

不同润滑状态下的热轧带钢试样在 NaCl 溶液中的 Nyquist 阻抗谱如图 7-2(a)所示，Nyquist 阻抗曲线在低频区近似为一条直线，而在高频区呈现出一个近似的半圆弧。高频区的半圆弧是由钢板电极表面与溶液界面的电荷转移反应引起的，其直径反映了极化电阻的高低。一般情况下，Nyquist 阻抗图中高频区半圆弧的直径越大，电极的耐蚀性能越好。显然，纳米复合流体润滑下轧后钢板的阻抗弧直径远远高于其他试样，其次为基础液润滑的试样，而无润滑和对照组原始钢板的阻抗弧直径相近。相关联的 Bode 模量和 Bode 相位角的变化曲线分别如图 7-2(b)和(c)所示。在最低频率时的阻抗模量（$|Z|_{0.01\,Hz}$）可作为半定量参数来评价电极材料的耐蚀性能，同时在高频区域相位角（$-\varphi$）较高的试样也具备更佳的腐蚀抑制作用[3]。由实验结果可以看出，纳米复合流体润滑试样的 $|Z|_{0.01\,Hz}$ 及高频相位角均为最高，同样表明了带钢试样耐腐蚀性能有明显的提高。

7.1.3　等效电路分析

为明确 MoS_2-Al_2O_3 纳米复合流体的作用对轧后钢板的耐蚀性强化机理，采用 Randles 等效电路模型对上述 Nyquist 图中的数据进行拟合。由于电极材料性能和表面粗糙度差异以及电荷的弥散效应，为降低实验的偶然误差，往往采取常相位角元件 Q 代替原本的纯电容元件[4]。常相位角元件 Q 的等效阻抗 Z_{CPE} 由式(7-4)给出：

$$Z_{CPE} = \left[Y_0 \cdot (jw)^n \right]^{-1} \qquad (7-4)$$

式中　Y_0——常相位角元件导纳常数，$\Omega^{-1} \cdot s^n / cm^2$；

　　　j——虚数单位，$j^2 = -1$；

　　　w——角频率，rad/s；

　　　n——弥散效应指数。

弥散效应指数 n 由体系中的固-液相界面的性质决定，当 $n=1$ 时该元件为理想电容，$n=0$ 时可视为纯电阻。综合考虑电极表面具体的氧化层和纳米层结构，对不含氧化层原始钢板试样、无润滑及基础液润滑的试样、纳米复合流体润滑的试样可分别采用 $R(QR)$、$R(Q(R(QR)))$、$R(Q(R(Q(R(QR)))))$ 模型进行拟合，得到的等效电路图如图 7-3 所示，其中的 R 和 Q 分别代表体系中的电阻元件和常相位角元件。R_s 表示腐蚀介质溶液的阻抗；R_o 和 Q_o 分别代表

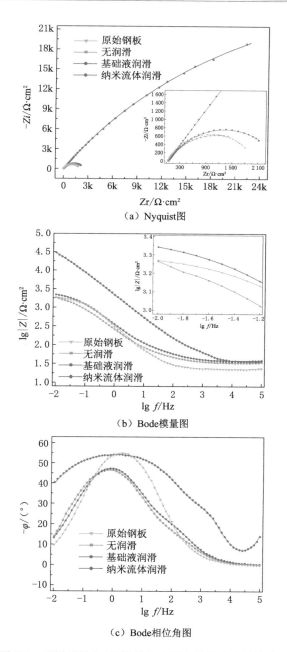

（a）Nyquist图

（b）Bode模量图

（c）Bode相位角图

图 7-2　不同试样在 NaCl 溶液中的电化学交流阻抗谱

热轧钢板氧化层的阻抗和容抗；R_n 和 Q_n 为表面纳米层的阻抗和容抗；R_{ct} 和 Q_{dl} 与金属基体-溶液或金属基体-氧化层界面处的化学反应有关，分别代表电荷转移电阻和双电层电容。

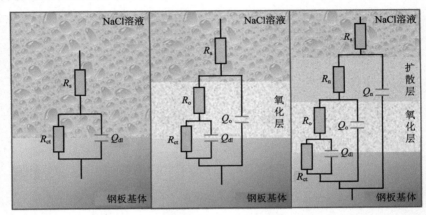

（a）原始钢板　　　　（b）无润滑及基础液润滑试样　　　（c）纳米流体润滑试样

图 7-3　不同试样在 NaCl 溶液中电化学腐蚀的等效电路图

由图 7-3（a）可知，当钢板基体直接暴露在腐蚀溶液中时，金属表面与 NaCl 溶液发生强烈的电荷转移，裸露的 Fe 基体受到非常严重的腐蚀。表面有氧化层的试样的等效电路模型如图 7-3（b）所示，阻抗 R_o 的出现表明氧化层在一定程度上阻止了金属基体与腐蚀溶液的接触，减缓了电荷转移过程，从而降低了腐蚀速率。相比而言，纳米复合粒子润滑作用下钢板试样的腐蚀过程更为复杂[图 7-3（c）]。结合 5.2.1 小节轧后钢板表面区域的物相分布进行分析，考虑到纳米层中扩散相（尤其是 $\alpha\text{-}Al_2O_3$）的化学惰性和绝缘性，将 R_n 和 Q_n 引入等效电路中，即在氧化层外侧形成纳米扩散层，进一步减少了扩散到 Fe 基体界面处腐蚀离子的数量。

按照等效电路图对电化学阻抗谱进行拟合得到各电路元件的数值，见表 7-2。电极的耐蚀性由阻抗元件（R_s、R_o 和 R_n）的电阻值之和决定[5]，经计算遵循以下顺序：NF（1.13×10^5 $\Omega \cdot cm^2$）$\gg$ Bare（2.04×10^3 $\Omega \cdot cm^2$）> BF（3.40×10^2 $\Omega \cdot cm^2$）> WL（2.78×10^2 $\Omega \cdot cm^2$）。原始钢板试样的 R_{ct} 和总阻抗值均高于基础液润滑和无润滑轧制的试样，这是由于形成的疏松且不均匀的氧化层会严重阻碍带钢金属基体与溶液界面致密钝化膜的形成，从而对材料耐腐蚀性能造成负面影响。

表 7-2　不同润滑条件试样的等效电路元件参数

试样	R_s /$\Omega \cdot cm^2$	Q_{dl} Y_{dl}/($\Omega^{-1} \cdot$ s^n/cm^2)	n_{dl}	R_{ct} /$\Omega \cdot$ cm^2	Q_o Y_o/($\Omega^{-1} \cdot$ s^n/cm^2)	n_o	R_o /$\Omega \cdot cm^2$	Q_n Y_n/($\Omega^{-1} \cdot$ s^n/cm^2)	n_n	R_n /$\Omega \cdot cm^2$
Bare	23.30	7.8×10^4	0.73	2 018	—	—	—	—	—	—
WL	33.58	1.1×10^3	0.64	218.3	1.9×10^4	0.81	25.90	—	—	—
BF	38.22	6.7×10^4	0.66	251.2	1.8×10^4	0.77	50.82	—	—	—
NF	34.27	7.6×10^4	0.80	1 661	1.6×10^3	0.99	16.79	1.5×10^4	0.61	1.1×10^5

此外，R_o 和 R_n 的大小也能够反映氧化层或纳米扩散层的孔隙率[3]。由表 7-2 可以看出，基础液润滑试样的 R_o 高于无润滑试样，同时纳米层的 R_n 比各组试样的 R_o 高出三个数量级以上。因此，纳米扩散层的存在显著提高了腐蚀离子扩散路径的复杂性，同时也反映了润滑剂提高了轧后表面氧化层的致密性。纳米流体润滑样品的弥散系数 n_n 近似为 1，说明纳米层底部的薄氧化层与基体的界面十分均匀，具有接近理想电容的特性，能够限制 Fe 基体与 NaCl 溶液间的电子转移。因此，综合上述电化学实验结果，可以推断使用 MoS_2-Al_2O_3 纳米复合流体作为热轧润滑剂时，轧后带钢较好的表面质量、更加致密的氧化层以及纳米粒子沉积形成的纳米扩散层的共同作用提高了材料的表面耐蚀性，其效果和机制类似于防腐蚀涂层。

7.2　腐蚀表面形貌和腐蚀产物表征

为进一步探究热轧带钢试样的电化学腐蚀形式并揭示纳米复合流体的耐蚀性强化作用机理，对电化学腐蚀后的试样表面的形貌和腐蚀产物的化学成分进行了表征分析。

7.2.1　腐蚀表面的三维形貌

电化学腐蚀实验后的电极试样用无水乙醇洗涤并干燥，随后采用三维激光共聚焦显微镜 LSCM 对腐蚀表面进行分析。各试样表面的 2D、3D 显微形貌以及沿 $Y = 640~\mu m$ 方向分布的表面轮廓曲线如图 7-4 所示。其中，对于表面光滑且没有氧化层的原始钢板试样，出现了全面腐蚀现象[图 7-4(a)]，腐蚀表面均匀分布着大量凹坑和腐蚀产物堆积形成的凸峰，表面粗糙度 Ra 较高。各组试样的表面粗糙度 Rv 值均略高于 Rp 值，表明电化学腐蚀形式以 Cl^- 造

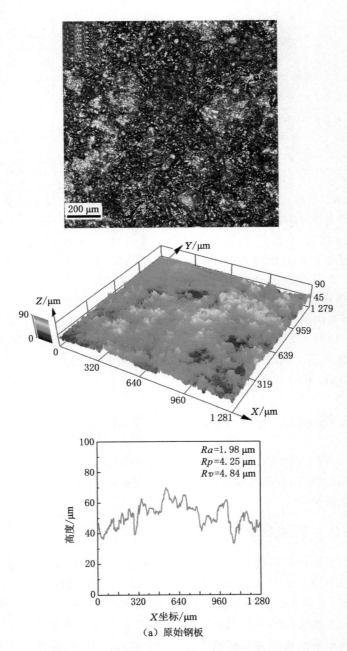

图 7-4　不同试样电化学腐蚀实验后的 2D、3D 表面形貌及轮廓曲线

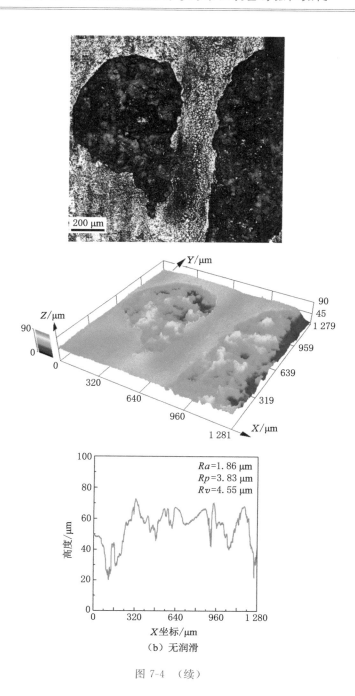

（b）无润滑

图 7-4　（续）

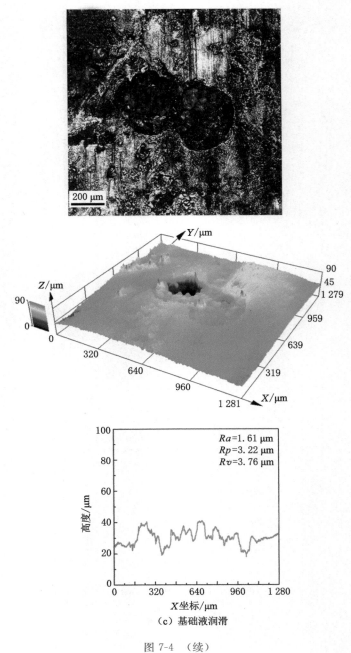

Ra=1.61 μm
Rp=3.22 μm
Rv=3.76 μm

（c）基础液润滑

图 7-4 （续）

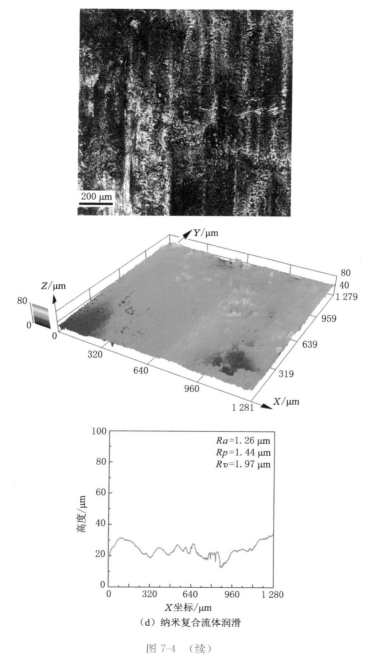

（d）纳米复合流体润滑

图 7-4 （续）

成的点蚀为主。对于无润滑和基础液润滑条件下的热轧带钢试样,如图 7-4(b)和(c)所示,由于氧化层的保护作用,表面仅发生局部腐蚀,密集的小尺寸点蚀坑相连接形成了大面积腐蚀区域。特别的,由于基础液润滑条件下轧后带钢表面的黏着、裂纹等缺陷相比无润滑条件较少,表面的氧化层更加致密,因此电化学腐蚀现象有一定程度的减弱,表面粗糙度降低至 1.61 μm。当热轧过程采用纳米复合流体润滑时,由于轧后带钢试样存在致密的 Al_2O_3 纳米层和氧化层等保护,电化学腐蚀实验后的表面相对完整。试样表面点蚀坑数量显著降低,大范围的局部腐蚀基本消失且表面粗糙度 Ra 进一步降低至 1.26 μm。

7.2.2 表面腐蚀产物观察和能谱分析

图 7-5 为各试样经电化学实验后腐蚀表面典型区域的 SEM 显微形貌图。观察图 7-5(a)可以发现,不存在氧化层的原始钢板试样的腐蚀区域几乎覆盖了整个金属表面。腐蚀坑中存在着白色物质,表明该区域存在一定量导电性较差的腐蚀产物,且腐蚀坑的内部以及界面处有大量的裂纹、疏松和孔洞,试样表面与腐蚀溶液之间发生剧烈的电荷传递和物质交换。对于无润滑和采用基础液润滑热轧后的钢板试样,两者电化学腐蚀后的表面形貌相似,均由未腐蚀区域和腐蚀区域组成,如图 7-5(b)和(c)所示。在未腐蚀区域能够观察到热轧过程在表面产生的轧痕,形貌较为平整;而腐蚀区域表面极其粗糙,存在颗粒状腐蚀产物同时伴随着局部裂纹。当采用纳米复合流体作为润滑剂时,如图 7-5(d)所示,腐蚀表面的点蚀坑明显变少且变浅,基本没有生成由于点蚀坑的大幅度扩张而导致的大尺寸腐蚀坑。

采用 EDS 面扫描分别对图 7-5(c)和(d)的 SEM 照片所示区域进行分析,结果如图 7-6 所示。可以发现 Fe 和 O 元素的分布较为均匀,基本覆盖整个腐蚀区和未腐蚀区,与热轧氧化层和表面腐蚀产物有关。而 Cl 元素主要分布在腐蚀区域的点蚀坑中,尤其是在腐蚀区和未腐蚀区的界面处,出现了更多的 Cl 元素,这一现象也说明点蚀的形成与环境介质中的 Cl^- 导致的晶间腐蚀息息相关。特别的,在纳米复合流体润滑试样的腐蚀表面还出现了明显的 Al 元素,如图 7-6(d)所示,证实了热轧带钢表面 Al_2O_3 纳米层的存在。但在腐蚀程度较严重的区域 Al 含量相对较低,这是由于点蚀的形成在一定程度上导致了致密 Al_2O_3 层的溶解,在腐蚀过程中变得疏松进而脱落到腐蚀溶液里面,使腐蚀区域的 Al_2O_3 减少。

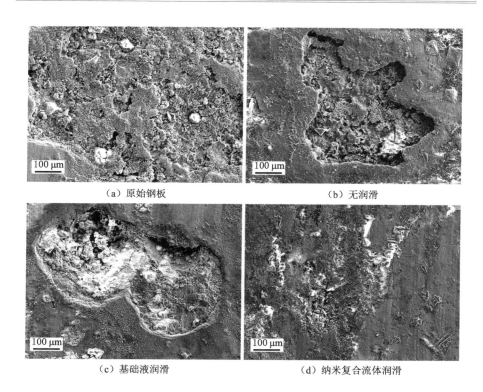

（a）原始钢板　　　　　　　　　　　　（b）无润滑

（c）基础液润滑　　　　　　　　　　（d）纳米复合流体润滑

图 7-5　不同试样电化学腐蚀实验后的 SEM 显微形貌

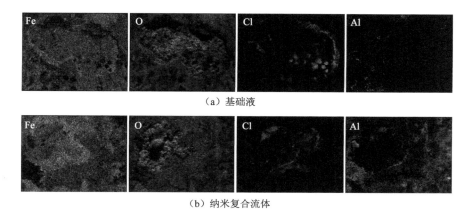

（a）基础液

（b）纳米复合流体

图 7-6　基础液和 MoS_2-Al_2O_3 纳米复合流体润滑的
钢板试样的 SEM 形貌相对应的 EDS 面扫描分析结果

7.2.3 电化学腐蚀表面化学物价态分析

进一步,采用 XPS 对 MoS_2-Al_2O_3 纳米复合流体润滑试样的表面腐蚀区域进行表征,分析各元素的化学价态,结果如图 7-7 所示。由图 7-7(a)可知,在 Fe 2p 谱图中出现了结合能为 710.2 eV、711.8 eV 和 724.3 eV 的特征峰,分别对应于化合物 Fe_3O_4、$FeOOH$ 和 Fe_2O_3。同时 O 1s 谱图中位于 529.6 eV 和 530.7 eV 的特征峰也证实了上述物质的存在,说明电化学腐蚀过程中氧化层和钢板基体中的 Fe、Fe^{2+} 和 Fe^{3+} 除了以铁氧化物形式存在外,部分还转化为了络合物 $FeOOH$[6]。其次,如图 7-7(b)和(d)所示,Cl 2p 谱图中只出现了位于 198.5 eV 的单一特征峰,Al 2p 中位于 63.3 eV 也代表化合物 NaCl[4],表明腐蚀溶液中的 Cl^- 在电化学实验结束及试样干燥处理后仍以 NaCl 形态存在,未参与新化合物的生成。综合分析 O 1s 和 Al 2p 谱图,Al_2O_3 仍然保持稳定状态,未参与到电化学腐蚀过程的化学反应。此外,由图 7-7(e)和(f)可知,Mo 3d 和 S 2p 的谱图中相应元素的特征峰信号较弱,一方面是由于热轧带钢表面形成的 FeS 和 $FeMo_4S_6$ 固溶体较难通过 XPS 进行表征,后续通过对腐蚀表面的 XRD 表征加以辅助说明;另一方面大量 Mo 和 S 原子在电化学实验过程中转移到了腐蚀溶液里面,从而使表面元素含量降低。Mo 3d 谱图中位于 228.9 eV 和 232.2 eV 的特征峰分别代表 Mo^{4+} 3/2 和 Mo^{4+} 5/2,经推测对应于 $FeMo_4S_6$ 中的四价 Mo 元素以及 MoS_2;位于 235.3 eV 和 232.4 eV 的特征峰分别代表 Mo^{6+} 3/2 和 Mo^{6+} 5/2,对应于 $FeMo_4S_6$ 中的六价 Mo 元素。从 S 2p 谱图仅能拟合出一个位于 162.2 eV 处的特征峰,对应着各化合物的 S—Mo 键和 S—Fe 键。

以上表面元素分布和化合物成分分析结果表明,NaCl 溶液中的 Cl^- 诱导的点蚀以及 H_2O、H_3O^+、OH^- 引起的吸氧腐蚀可能是导致轧后带钢腐蚀的主要因素。生成的腐蚀产物表明氧化层、扩散层和金属基体发生了溶解,同时发现纳米复合流体润滑试样表面原本存在的 Al_2O_3 的化学性质未发生改变,经推测对于实现耐蚀性强化起到了重要作用,接下来将对此进行深入研究。

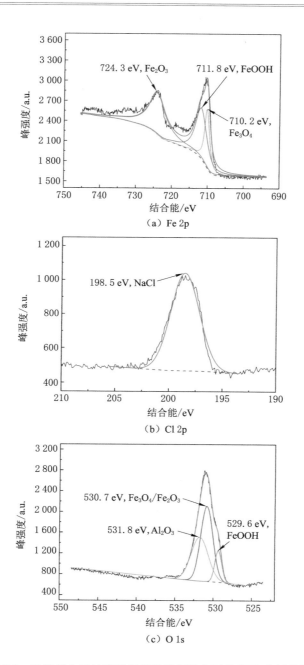

图 7-7　纳米复合流体润滑钢板试样腐蚀表面的 XPS 分析结果

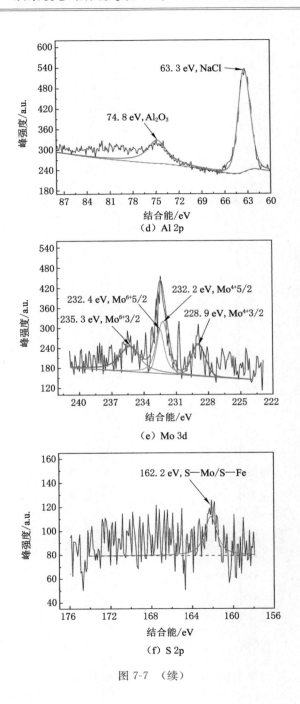

图 7-7 （续）

7.3　腐蚀过程及耐蚀性强化机理

为揭示纳米复合流体润滑诱导的带钢微观结构演变导致的表面耐蚀性强化机理,首先借助量子化学计算,研究了 NaCl 溶液中的腐蚀介质粒子在带钢表层的吸附作用,以明确不同粒子与铁单质、铁氧化物和扩散相晶体间的相互作用形式及强弱;其次,采用分子动力学模拟探究了 NaCl 溶液在不同晶体表面的扩散行为。基于原子尺度的模拟计算结果以及实验结果分析,提出了相应的耐蚀性强化模型。

7.3.1　腐蚀介质粒子与晶体表面的吸附作用

本部分内容研究了 NaCl 溶液中存在的四种典型腐蚀介质粒子,包括 H_2O 分子以及 Cl^-、H_3O^+、OH^- 离子,在 α-Fe 单质、铁氧化物和扩散相表面的单分子吸附行为。首先,根据表 7-3 所列的各氧化物和扩散相晶体的主要生长面[7-10]建立了表面模型作为被腐蚀表面。随后,将单个腐蚀介质粒子放置于被腐蚀表面上方的适当位置得到相应的单分子吸附模型。以 H_2O 分子为例,其在不同晶体表面的吸附模型如图 7-8 所示。接下来,采用 Materials Studio 中的 DMol³ 模块对各体系进行结构优化并记录过程前后的能量变化。结构优化过程和能量计算依旧采用了 GGA/PBE 泛函,同时为使模拟条件更接近实际情况,对体系施加了相对介电常数为 78.54 的 Water 溶剂模型。最终,根据式(7-5)进行计算即可得到腐蚀粒子在晶体表面的吸附能 E_{ads}:

$$E_{ads} = E_{tot} - (E_{mol} + E_{sur}) \tag{7-5}$$

式中　E_{tot}——腐蚀介质粒子和晶体表面体系的总能量,kJ/mol;

　　　E_{mol}——孤立的腐蚀介质粒子的能量,kJ/mol;

　　　E_{sur}——孤立的晶体表面的能量,kJ/mol。

表 7-3　各氧化物和扩散相晶体的主要生长面

晶体	主要生长面	晶体	主要生长面
FeO	(111)	Al_2O_3	(001)
Fe_3O_4	(111)	FeS	(001)
Fe_2O_3	(1$\bar{1}$2)	$FeMo_4S_6$	(101)

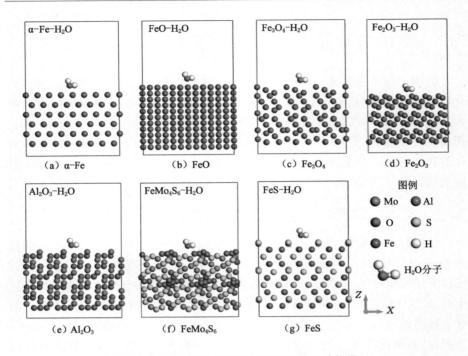

图 7-8　H_2O 分子在不同晶体表面吸附的计算模型

　　计算得到的四种腐蚀粒子在不同晶体表面的吸附能见表 7-4。分析表中数据可以发现，各吸附能均为负值，说明不同的腐蚀介质粒子与各晶体表面之间均存在着稳定的吸附作用。四种粒子在不同晶体表面的吸附能绝对值大致相同：$H_3O^+ > Cl^- > OH^- > H_2O$，且 H_2O 分子在各个表面的吸附能的绝对值均显著低于其他三种离子。这一现象表明，腐蚀介质粒子所带的电荷对于与晶体表面的相互作用起到了至关重要的作用。NaCl 溶液中的 H_3O^+ 与 Cl^- 晶体间的吸附作用最强，是导致腐蚀的关键因素。但考虑到中性的 NaCl 溶液中 Cl^- 含量远远高于 H_3O^+，因此 Cl^- 对轧后钢板表面的腐蚀是应重点考虑的问题。从结果可以发现四种粒子与 Al_2O_3 表面作用的吸附能绝对值均高于其他晶体。综合考虑 Al_2O_3 极高的化学反应惰性和耐腐蚀性能，可以推断轧后带钢表面的 Al_2O_3 相能够通过物理吸附和氢键作用将腐蚀粒子"固定"在其表面，一方面减少了腐蚀介质与其他较活泼的氧化相和扩散相晶粒的化学反应；另一方面能够抑制腐蚀介质粒子穿过表面氧化层和扩散层向氧化扩散层-基体界面处的渗透，降低带钢基体被腐蚀的倾向。

表 7-4　各腐蚀介质粒子在不同晶体表面的吸附能 E_{ads}

单位：kJ/mol

吸附表面	α-Fe	FeO	Fe_3O_4	Fe_2O_3	Al_2O_3	$FeMo_4S_6$	FeS
H_2O	−4.11	−5.36	−7.09	−7.76	−19.50	−10.58	−11.84
OH^-	−87.84	−89.95	−91.55	−94.32	−98.95	−92.16	−95.74
H_3O^+	−96.50	−99.61	−102.31	−105.34	−114.71	−103.40	−108.08
Cl^-	−88.13	−90.72	−92.77	−95.39	−103.12	−94.05	−97.02

7.3.2　基于分子动力学的腐蚀介质粒子扩散行为

钢铁材料在 NaCl 溶液中的主要腐蚀形式为点蚀，而点蚀的发生与腐蚀粒子的扩散行为息息相关。当腐蚀粒子穿过轧后带钢表面氧化物扩散至基体处，即会与铁原子发生反应从而导致点蚀的出现。腐蚀介质粒子在不同氧化相和扩散相中的扩散速率也与金属材料的实际腐蚀情况存在重要关系，因此研究腐蚀介质粒子的扩散行为，对于探索腐蚀行为和相关的机理有重要价值和理论意义。

采用分子动力学模拟评价了腐蚀介质粒子在不同晶体表面的扩散行为，模拟过程采用 Materials Studio 软件的 Forcite 模块进行，分子力场选用了适用范围较广且精度满足要求的 Universal 力场。首先，建立如图 7-9 所示的 NaCl 溶液在晶体表面扩散的分子动力学模型。模型为三层结构，最上层为真空层，目的是消除周期型结构的边界限制并使分子能够充分扩散；中间层为腐蚀溶液层，包含 800 个 H_2O 分子、100 个 Cl^-、50 个 H_3O^+ 和 50 个 OH^-；底层为相应的晶体表面，选择的具体晶面与 6.3.1 小节相同。随后的分子动力学模拟包含两个过程：体系的结构优化过程和动力学自由扩散过程。动力学自由扩散过程利用 Forcite 模块中的 Dynamics 功能进行模拟，采用 NVT 系综使腐蚀介质粒子和表面原子自由扩散。扩散过程的温度设置为 298 K（25 ℃），模拟的总时间为 1 000 ps，时间步长为 1 fs，每 10 ps 记录并输出一次体系中各分子运动的轨迹等信息。

以无穷远处作为零势能面，上述分子动力学模拟过程中各体系的势能变化曲线如图 7-10 所示。从图 7-10 中可以发现，7 个扩散体系的势能在 200 ps 后均保持稳定，仅存在分子热运动导致的轻微能量起伏，根据这一现象可以确定分子动力学模拟体系中原子的扩散达到了相对稳定的状态，能够保证后续关于扩散系数等参数的分析具有充分的科学性和合理性。通过计算稳定阶段

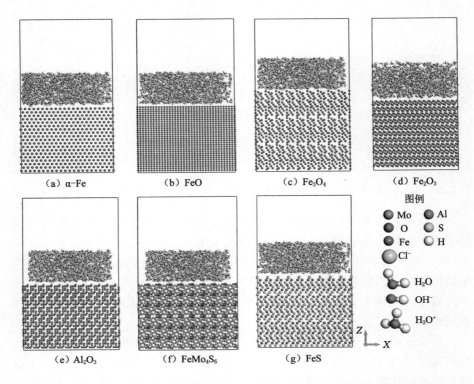

图 7-9　NaCl 溶液中的粒子在不同晶体表面扩散的分子动力学模型

（200～1 000 ps）各体系势能的平均值，发现 NaCl 溶液与 Al_2O_3 和 $FeMo_4S_6$ 晶体相互作用的势能最低，说明此时体系中引力作用最强。这一结果也能侧面反映 Al_2O_3 和 $FeMo_4S_6$ 相比于其他晶体，对腐蚀介质具有更强的吸引作用。

根据模拟得到的不同粒子扩散的均方位移 MSD_c 随时间的变化结果，进一步按照式（7-6）计算即可得到各腐蚀介质粒子在不同晶体表面自由扩散的扩散系数 D_c：

$$D_c = \frac{1}{6} \lim_{t \to \infty} \left(\frac{d}{dt} MSD_c(t) \right) \tag{7-6}$$

分子动力学模拟得到的 298 K 时 NaCl 溶液中的四种腐蚀粒子在不同晶体表面扩散的扩散系数见表 7-5。从表 7-5 中数据可以看出，各腐蚀粒子在 Al_2O_3 和 $FeMo_4S_6$ 晶体表面的扩散系数相比于其余几组扩散模型低了 2～3 个数量级。尤其对于 Cl^-，在 Al_2O_3 和 $FeMo_4S_6$ 晶体中的扩散系数分别仅为 7.01×10^{-13} m^2/s 和 1.41×10^{-12} m^2/s，这一结果表明 NaCl 溶液对 Al_2O_3 和

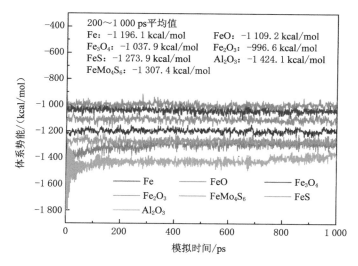

图 7-10　扩散模拟过程中各体系的势能变化

$FeMo_4S_6$ 的腐蚀速率最低。此外,通过比较腐蚀介质粒子在 $\alpha\text{-}Fe$ 以及三种铁氧化物晶体表面的扩散系数,可以发现 Cl^-、H_3O^+ 和 OH^- 三种离子在 FeO、Fe_3O_4 和 Fe_2O_3 中的扩散系数均大于在纯 Fe 表面。由此可以判断,在不考虑不同物相分层排布的前提下,轧后带钢表面生成的氧化物会优先于金属基体被腐蚀。结合 7.1.3 小节的等效电路分析,$MoS_2\text{-}Al_2O_3$ 纳米流体润滑条件下带钢表面形成的致密氧化层除了能够通过物理阻隔作用抑制各种粒子的向内渗透,还能够通过"优先腐蚀"机制消耗一部分的腐蚀介质。这一过程也会使腐蚀界面处 Fe^{2+} 和 Fe^{3+} 的浓度升高,使以下腐蚀化学反应的正反应速率降低:

$$Fe - ne^- \rightleftharpoons Fe^{n+} \tag{7-7}$$

从而补偿钢板基体中 Fe 单质的损耗,降低材料的腐蚀速率和腐蚀损失。

表 7-5　腐蚀溶液中的粒子 298 K 下在不同晶体表面的扩散系数 D

单位:$\times 10^{-9}$ m^2/s

晶体表面	$\alpha\text{-}Fe$	FeO	Fe_3O_4	Fe_2O_3	Al_2O_3	$FeMo_4S_6$	FeS
H_2O	3.93	1.47	1.40	0.677	0.014 9	0.003 42	0.483
OH^-	0.592	1.17	0.826	0.939	0.001 24	0.002 79	0.752
H_3O^+	0.514	0.553	1.26	0.606	0.001 34	0.002 21	0.403
Cl^-	0.825	0.741	1.31	0.748	0.000 701	0.001 41	0.476

7.3.3　耐蚀性强化模型及机理探讨

　　为了验证上述腐蚀介质粒子与晶体表面的吸附作用和扩散行为得到的结果以及相关分析,研究了腐蚀表面区域的截面形貌和元素分布。首先,将电化学腐蚀实验后的样品镶嵌在树脂中,样品为两组,分别为基础液润滑和纳米复合流体润滑后的带钢,即 7.1 节中的 BF 和 NF 样品。裸露的表面为样品的截面,主要包括腐蚀层、氧化扩散层和金属基体。随后,依次采用 320 目、600目、800 目、1 000 目、1 500 目和 2 000 目的金相砂纸对两组试样的表面进行打磨。最后,对打磨后的样品进行抛光处理后,采用 SEM 和 EDS 对截面进行表征分析,实验结果如图 7-11 所示。

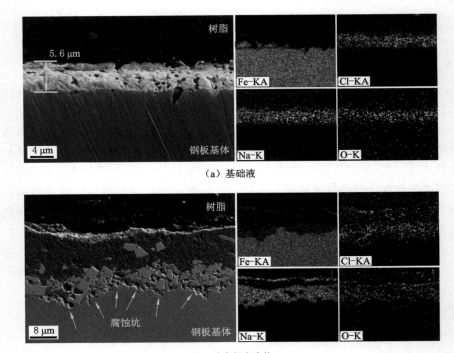

（a）基础液

（b）纳米复合流体

图 7-11　基础液和纳米复合流体润滑条件下的轧后带钢样品
电化学腐蚀区域的截面形貌和相对应的 EDS 面扫描结果

观察图 7-11(a)可以发现,基础液润滑的轧后带钢样品经电化学腐蚀实验后,表面的氧化层形貌已无法分辨,仅存在平均厚度约为 5.6 μm 的腐蚀层。通过 EDS 分析结果可以得知,腐蚀层中均匀分布有 Na 和 Cl 元素,同时 Fe 和 O 元素的分布表明生成了铁氧化物等腐蚀产物。结合图 7-7 中腐蚀表面的 XPS 分析结果,且所用的腐蚀溶液为中性,因此腐蚀层的出现是以 Cl^- 的点蚀主导的吸氧腐蚀为主:

$$O_2 + 2H_2O + 4e^- \Longleftrightarrow 4OH^- \tag{7-8}$$

$$2Fe - 4e^- \Longleftrightarrow 2Fe^{2+} \tag{7-9}$$

另外可以观察到,腐蚀层的底部区域即为钢板基体,说明带钢表面全部的氧化层和部分基体被腐蚀。腐蚀产物一部分溶解、扩散到 NaCl 溶液中,一部分沉积在样品的腐蚀表面。

对于 MoS_2-Al_2O_3 纳米复合流体润滑的热轧带钢,由于表面扩散相的存在,其经电化学腐蚀后的截面结构和成分截然不同[图 7-11(b)]。可以清晰地看到,在钢板基体顶部存在着结构复杂的反应层,其主要成分为 Al_2O_3 以及均匀分布在其中的 Cl^-。在反应层和钢板基体的界面处出现了点蚀诱发的腐蚀坑,界面处的 Cl^- 含量稍高于其他区域,表明有部分腐蚀介质粒子穿透 Al_2O_3 层与金属基体接触引发了吸氧腐蚀。虽然该腐蚀的样品表面仍生成了一定量的腐蚀产物,且基体界面处出现了腐蚀坑,但相比于无纳米粒子和扩散相存在于表面的样品,仍然可以分辨出带钢基体及腐蚀前表面的原始氧化层及扩散层。即吸氧腐蚀程度显著降低,材料的腐蚀损耗也相应减少。根据腐蚀介质粒子的吸附作用和扩散行为,腐蚀介质粒子在 Al_2O_3 晶体相的吸附能绝对值最高,同时在 Al_2O_3 表面的扩散系数最低。因此当腐蚀发生时,轧后带钢表面沉积的 Al_2O_3 层通过对腐蚀粒子的吸附和阻隔作用,起到了最主要的腐蚀抑制作用。此外,在 $FeMo_4S_6$ 中较低的扩散系数经推测是由于扩散相 $FeMo_4S_6$ 中空位等晶格缺陷较多的原因,对腐蚀粒子也产生了较强的"固定"作用,从而阻止了其与带钢基体的接触和化学反应。

综合本章的实验结果分析以及 5.2 节的实验和模拟计算结果,对纳米复合流体诱导的轧后带钢表面耐蚀性强化机理进行探讨。首先,如图 7-12 所示,带钢表面形成的致密 Al_2O_3 层对 Cl^-、H_3O^+、OH^- 等腐蚀粒子起到了最直接的物理阻隔作用,且粒子向带钢内部的渗透过程会受到各种氧化相和扩散相的吸附作用,从而使扩散至金属基体的粒子数量减少,进而抑制了吸氧腐蚀的发生;其次,最先暴露在溶液环境中的表面氧化扩散层会优先于基体被腐蚀,实现了对基体腐蚀的补偿作用,减少了带钢基体成分的腐蚀损失量;再次,纳米复合流体优异的润滑性能改善了轧后表面质量,由于纳米粒子的填充作用,表面氧化层中的裂纹和空洞等缺陷减少,使腐蚀粒子的一部分扩散通道受阻,从而延缓了腐蚀速率;最后,在纳米复合流体润滑下,带钢表面层和基体中的残余应力和变形有所缓和,进一步削弱了材料的点蚀敏感性。上述四方面因素的共同作用,实现了 NaCl 溶液腐蚀环境下纳米复合流体诱导轧后带钢耐蚀性强化。

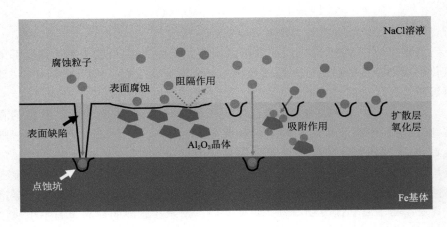

图 7-12　轧后带钢表面的扩散层对腐蚀介质粒子的阻隔作用机理图

本章采用电化学方法研究了不同热轧润滑条件下的轧后带钢在 NaCl 溶液中的腐蚀行为,主要的研究成果如下:

① 相比于原始钢板试样,MoS_2-Al_2O_3 纳米复合流体作用下带钢表面更加致密的氧化层以及纳米扩散层起到了 91.2% 的腐蚀防护效率。电化学阻抗分析表明其等效电路符合 $R_s(Q_n(R_n(Q_o(R_o(Q_{dl}R_{ct})))))$ 形式,其中 R_o 和 R_n 的出现表明氧化层和扩散层在一定程度上减少了金属基体与腐蚀溶液间的电荷和物质传递。样品腐蚀表面大范围的点蚀现象基本消失,腐蚀产物以 Fe_3O_4、Fe_2O_3 和 $FeOOH$ 为主。

② 通过计算和模拟 NaCl 溶液中的典型腐蚀介质粒子 H_2O、Cl^-、H_3O^+ 和 OH^- 在不同氧化物和扩散相晶体表面的吸附及扩散行为,明确了 Al_2O_3 晶体对腐蚀粒子具有极高的吸附作用,并且在 $FeMo_4S_6$ 和 Al_2O_3 中的扩散系数最低。由此可以判断,轧后带钢表面生成的 Al_2O_3 和 $FeMo_4S_6$ 晶体能够通过吸附和屏蔽作用抑制腐蚀粒子与带钢基体的接触。表面致密的氧化层和扩散层与此同时通过"优先腐蚀"机制消耗一部分的腐蚀介质,使腐蚀界面处的

腐蚀粒子数量减少,腐蚀反应被抑制。此外,轧后带钢表面缺陷的减少使腐蚀粒子向金属基体的扩散速率降低,轧后带钢表面组织残余应力和变形的降低也削弱了材料的点蚀敏感性。

本章参考文献

[1] MOZHGAN S,MAHDI M,SEYED M E.Superhydrophobic and corrosion resistant properties of electrodeposited Ni-TiO₂/TMPSi nanocomposite coating [J].Colloids and surfaces A:physicochemical and engineering aspects,2019, 573:196-204.

[2] WU C Q,LIU Q,CHEN R R,et al.Fabrication of ZIF-8@SiO₂ micro/ nano hierarchical superhydrophobic surface on AZ31 magnesium alloy with impressive corrosion resistance and abrasion resistance[J].ACs applied materials and interfaces,2017,9(12):11106-11115.

[3] YIN X X,MU P,WANG Q T,et al.Superhydrophobic ZIF-8-based dual-layer coating for enhanced corrosion protection of Mg alloy[J]. ACS applied materials and interfaces,2020,12(31):35453-35463.

[4] TANG H J,SUN J L,YAN X D,et al.Electrochemical and adsorption behaviors of thiadiazole derivatives on the aluminum surface[J].RSC advances,2019,9(59):34617-34626.

[5] ZHANG X X,LV Y,SHAN F,et al.Microstructure,corrosion resistance,osteogenic activity and antibacterial capability of Mn-incorporated TiO₂ coating[J].Applied surface science,2020,531:147399.

[6] ZHOU X B,WU T Q,TAN L,et al.A study on corrosion of X80 steel in a simulated tidal zone[J].Journal of materials research and technology, 2021,12:2224-2237.

[7] 陈昊.不锈钢在海洋大气环境中的腐蚀行为研究[D].北京:机械科学研究总院,2021.

[8] QIANG L H,LI Z F,ZHAO T Q,et al.Atomic-scale interactions of the interface between chitosan and Fe₃O₄[J].Colloids and surfaces A:physicochemical and engineering aspects,2013,419:125-132.

[9] ZHANG R H,LU Z B,SHI W,et al.Low friction of diamond sliding against Al₂O₃ ceramic ball based on the first principles calculations[J].

Surface and coatings technology,2015,283:129-134.

[10] DZADE N Y,ROLDAN A,DE LEEUW N H.DFT-D2 simulations of water adsorption and dissociation on the low-index surfaces of mackinawite (FeS) [J].The journal of chemical physics,2016,144(17):174704.

第 8 章　碳量子点-MoS₂ 纳米流体的摩擦学行为

直径为 1～10 nm 的量子点（Quantum Dots，QDs），包括金属基量子点（MQDs）[1]、硅基量子点（SQDs）[2]、碳基量子点（CQDs）[3] 等，是一种极具发展前景的零维纳米材料，过去几十年在光伏器件、生物医学和可再生能源等领域得到了广泛的应用。在上述列出的量子点中，含重金属元素的 MQDs 对环境有潜在的危害，且这一类量子点的制备流程较为复杂且成本更高。相比之下，由碳核芯和表面基团组成的 CQDs 因其低毒性和环境友好性，在摩擦学和润滑剂领域也逐步受到学者的重视[4]。

Tang 等[5] 合成了 CQDs 并将其作为非晶涂层添加剂应用于水基润滑剂中。研究结果表明，在润滑剂中加入浓度为 0.1% 的 CQDs 可使非晶涂层摩擦副的摩擦系数和磨损率分别降低约 33% 和 80%。Xiao 等[6] 采用水热法制备了硫原子掺杂的 CQDs（S-CQDs）作为水基润滑剂添加剂应用于 Si_3N_4-钢以及 Si_3N_4-Si_3N_4 摩擦副。上述研究均表明，纳米粒子加入润滑剂能够促进摩擦膜的形成，以保护摩擦表面免于摩擦和磨损。更重要的是，已有研究还表明 CQDs 的结构、化学成分和尺寸可以人为地进行设计和控制[7-8]。因此，可以定制化地实现 CQDs 的表面功能化和元素掺杂，从而进一步提高 CQDs 在润滑剂中的分散稳定性和化学活性，进一步通过这些官能团/掺杂原子与摩擦表面间的摩擦化学反应提高润滑剂中的抗磨减摩性能。Tu 等[9] 比较了 CQDs 和 Ni 元素掺杂 CQDs（Ni-CQDs）的润滑性能，结果表明含有 Ni-CQDs 的 PEG200 具有更低的摩擦系数和磨损率，这可归因于 Ni 原子和其他基团与摩擦副表面反应生成的摩擦膜。Maria 等[10] 制备了用于摩擦学领域的 CQDs-聚甲基丙烯酸甲酯纳米复合材料。结果表明，CQDs 的滚珠轴承效应以及在金属表面连续沉积形成的润滑膜显著降低了摩擦系数。Mou 等[11] 设计了一系列具有不同阴离子基团的功能化 CQDs，包括六氟磷酸盐（PF_6^-）、双-（三氟甲烷)-磺酰亚胺(NTf$_2^-$)和油酸酯(OL$^-$)。结果表明,OL$^-$改性的CQDs具有最佳的极压和润滑性能,这是由于羧基(COO$^-$)与金属表面相互作用形成了有机-无机杂化吸附膜。因此,CQDs的表面功能化和元素掺杂及其在摩擦润滑领域的应用是未来重要的发展方向,但这些因素对润滑机理的影响还有待深入研究。而N原子作为一种活性原子,通过氢键、范德瓦耳斯力等与金属具有很强的亲和力。因此,本章采用绿色化学合成方法制备了氮元素掺杂碳量子点(N-CQDs)作为润滑添加剂。

此外,不同类型的纳米粒子共同作为润滑添加剂,往往由于协同润滑作用可以得到更优异的摩擦学性能,如 MoS$_2$-Al$_2$O$_3$[12]、Cu-石墨烯[13]、氧化石墨烯(GO)-TiO$_2$[14]、Fe$_3$O$_4$-MoS$_2$[15]等复合纳米流体。与此同时,量子点与传统纳米粒子相比通常具有出色的润滑性能,但其合成工艺成本较高且制备效率较低,这在一定程度上限制了 CQDs 的广泛应用[4,16]。而 MoS$_2$ 纳米粒子作为已被广泛应用的固体润滑剂,近年来作为添加剂在润滑流体中的应用越来越频繁。由于其片状结构和优异的成膜能力,MoS$_2$ 粒子具有良好的抗磨减摩性能。因此,本章将 N-CQDs 添加到 MoS$_2$ 水基纳米流体中获得碳量子点-MoS$_2$ 润滑剂,一方面可以进一步调控 MoS$_2$ 纳米流体的摩擦学行为,另一方面可以在环境友好性和降低成本间进一步平衡。

对于纳米粒子的润滑机理,相关学者已经做了大量研究并提出了多种理论,这些理论可归纳为抛光机制[17]、自修复机制[18]、滚珠轴承机制[19]、层间滑动机制[12,20]和保护膜机制[21]。然而,这些观点主要是从实验结果中推断出来的,尚缺乏直接的证据和理论支持,相关学者对这些作用机制是否真实存在也有一定的质疑[22]。而非平衡分子动力学(Non-Equilibrium Molecular Dynamics,NEMD)方法已经成为解决上述问题有力且有效的工具。借助NEMD 模拟,可以预测或再现含润滑剂的系统的摩擦和磨损过程,通过对模拟模型中各原子的运动、受力等物理量的捕捉和分析,从微观层面揭示润滑机理的本质。NEMD 方法目前已成功应用于传统润滑油[23]、有机润滑添加剂[24]、纳米流体[25]等的润滑机理研究中。因此,本章将 NEMD 模拟应用于研究 N-CQDs 粒子在 MoS$_2$ 纳米流体中的摩擦学行为。

本章的研究首先以盐酸多巴胺为碳源和氮源,采用简单的溶剂热法制备了 N-CQDs 纳米粒子。将制备的 N-CQDs 纳米粒子作为添加剂加入 MoS$_2$ 纳米流体中。然后,利用销-盘式摩擦实验机研究了含 N-CQDs 的纳米流体的摩擦学性能。通过分析磨损表面形貌和化学成分,并对摩擦界面形成的润滑膜进行表征,揭示了碳量子点-MoS$_2$ 纳米流体的润滑机理。最后,通过 NEMD

模拟捕获了摩擦过程中各原子的扩散行为,从原子尺度上阐述了 N-CQDs 的应用对摩擦膜形成的影响。

8.1　碳量子点的化学合成与表征

8.1.1　氮元素掺杂碳量子点的绿色合成

8.1.1.1　N-CQDs 合成及纳米流体制备所用材料和试剂

本章研究所用的材料和试剂包括 MoS_2 纳米粒子(名义粒径 100 nm,纯度＞99％,2H 晶型)、盐酸多巴胺(纯度＞98％)、六偏磷酸钠(SHMP,化学纯)、十二烷基苯磺酸钠(SDBS,分析纯)、丙三醇(纯度＞98％)、无水乙醇(分析纯)、羧甲基纤维素钠(CMC,相对分子质量 700 000)、氢氧化钠(纯度＞99％)、浓硝酸(浓度 68％)、去离子水等。

所有的材料和试剂均直接使用,未经过进一步提纯处理。

8.1.1.2　N-CQDs 的制备流程

氮元素掺杂碳量子点(N-CQDs)的制备流程如图 8-1 所示。首先,将适量的盐酸多巴胺加入 NaOH 溶液中,采用磁力搅拌器持续搅拌 15 min 以中和试剂中的盐酸。随后,在溶液中加入过量的浓硝酸作为碳化剂,持续搅拌 1 h后,将混合流体转移至聚四氟乙烯内衬的不锈钢水热反应釜中,在 180 ℃下保温 15 h 以提供足够的热量和时间使各组分充分反应。

采用去离子水对反应釜中的产物进行多次洗涤和过滤,随后在 25 ℃下进行 30 h 的透析处理(透析袋的保留分子量为 2 000 g/mol)以去除残留的杂质分子。透析后的液体转移至冻干机中经过 24 h 的冷冻干燥,最终得到 N-CQDs 粉末。

8.1.2　碳量子点的结构及成分表征

首先,采用透射电镜对上述制备的 N-CQDs 的形貌进行表征,得到的 TEM、HRTEM 照片以及相应的快速傅里叶变换(FFT)分析结果如图 8-2 所示。从图中可以得知,本研究制备的 N-CQDs 的粒径约为 10 nm,表明所合成粒子达到了量子点的粒径范围。图 8-2(b)中,0.179 nm 和 0.211 nm 的层间距与石墨晶体(JCPDS card No.75-1621)的(100)晶面相吻合,同时图 8-2(c)所示的 0.212 nm 以及 0.337 nm 晶面间距的衍射环分别对应着石墨的(100)和(002)晶面。上述结果证实了 N-CQDs 的成功制备,且得到的碳量子点具有显著的多晶结构。

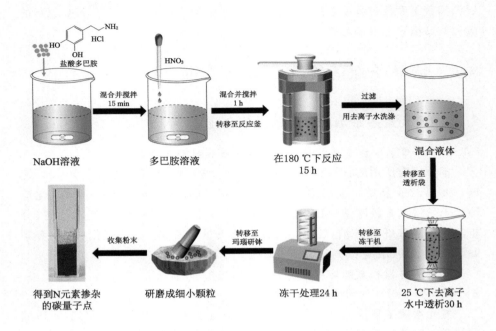

图 8-1　氮元素掺杂碳量子点(N-CQDs)的制备流程图

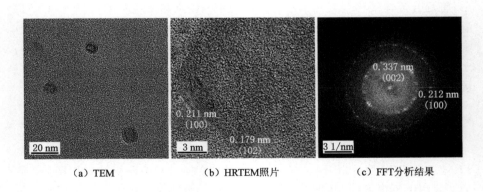

（a）TEM　　　　　（b）HRTEM照片　　　　（c）FFT分析结果

图 8-2　N-CQDs 的 TEM、HRTEM 照片以及相应的 FFT 分析结果

　　进一步,采用 XPS 对制备的 N-CQDs 的化学成分进行分析,结果如图 8-3 所示,对结果分析均参考了 NIST XPS 标准数据库。由图 8-3(a)所示的 XPS 总谱图可知,N-CQDs 确实由 C、O 和 N 三种元素构成,一定程度上表明

N-CQDs中包含氮原子掺杂以及位于表面的含氧、氮的官能团[26]。C 1s 谱图[图 8-3(b)]中位于 284.6 eV、286.0 eV、287.8 eV 和 288.7 eV 结合能的特征峰分别与 C—C/C＝C、C—N/C—OH、环氧基团(C—O—C)和羧基(—COOH)相关。与此同时,图 8-3(d)所示的 O 1s 谱图中位于 530.9 eV 和 532.6 eV 的特征峰分别对应 C＝O 和 C—O,也印证了 N-CQDs 中 C—O—C 和—COOH的存在。通过分析图 8-3(c)可知,N 1s 谱图可以分为三个位于 397.7 eV、400.0 eV 和 401.6 eV 的特征峰,分别对应着吡啶型氮、吡咯型氮和季铵盐型氮,表明存在 N 原子和多种含 N 官能团在 N-CQDs 中的掺杂或接枝。

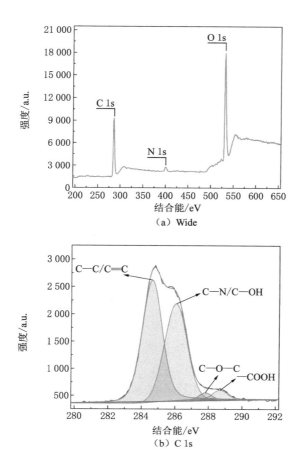

图 8-3　N-CQDs 的 XPS 分析结果

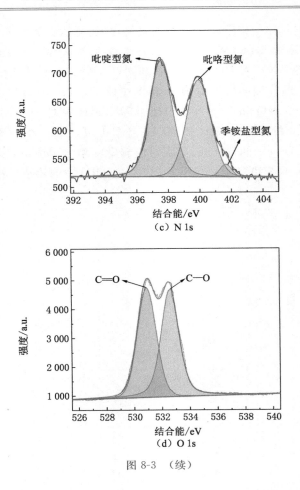

图 8-3 （续）

N-CQDs 以及作为参照的石墨烯的拉曼光谱分析结果如图 8-4(a)所示。与石墨烯的拉曼光谱相比，N-CQDs 在波长 1 340 cm^{-1} 和 2 909 cm^{-1} 处分别出现了 D 带和 D+G 带，同时 1 576 cm^{-1} 处的 G 带发生了扩展，这表明面内的 sp^2 杂化区域的大小降低，通常是由碳基表面的氧化、结构缺陷以及官能团的附着引起的[14,27]。同时，N-CQDs 在 2 700 cm^{-1} 处的 2D 峰值强度减弱，并且 I_{2G}/I_D 这一强度比也降低，这一现象说明了 N-CQDs 结构的石墨化[28]，即相比于石墨烯含有更多的层数。进一步，由图 8-4(b)所示的 FT-IR 谱图可以得到 N-CQDs 中功能化基团的详细信息。3 332 cm^{-1} 处强且宽的特征峰代表着—OH 的伸缩振动，1 620 cm^{-1} 处的特征峰则代表—OH 的弯曲振动，同时

1 067 cm⁻¹ 处特征峰代表的 C—OH 的伸缩振动也表明了羟基的存在；1 716 cm⁻¹ 处的特征峰代表着羰基和羧基中 C═O 的伸缩振动，同时 1 384 cm⁻¹ 处的特征峰也对应—COOH。此外，位于 1 259 cm⁻¹ 和 1 245 cm⁻¹ 处的特征峰分别表明了 N-CQDs 中 C—O—C 和 C—N 的存在。因此，可以判断本章制备的 N-CQDs 具有类似氧化石墨烯的结构，即含有大量的含氧功能化基团，包括羧基（—COOH）、羟基（—OH）和环氧（C—O—C），其中掺杂的氮原子主要以 C—N═C、C—NH—C 和 N—(C)₃ 的形式分布。这些基团和元素掺杂可以改变碳量子点的表面化学性质，这对于提高纳米流体的分散稳定性和摩擦学行为具有关键的作用。

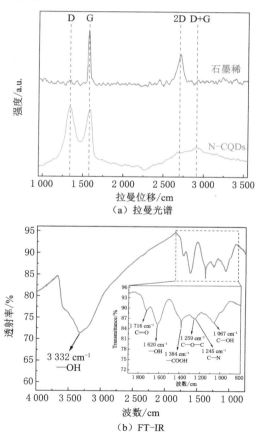

图 8-4　N-CQDs 的拉曼光谱和 FT-IR 分析结果

8.1.3 纳米流体的制备及流变性能研究

在前文成功制备 N-CQDs 的基础上,为研究碳量子点-MoS$_2$ 纳米复合流体的摩擦学行为及润滑机理,制备了单一的 MoS$_2$ 流体以及同时包含 MoS$_2$ 和 N-CQDs 粒子的复合流体作为润滑剂。纳米流体的制备过程如下:首先,将适量的丙三醇和 CMC 依次加入去离子水中,在 60 ℃下使用磁力搅拌器连续搅拌至混合均匀;随后,将 SHMP 和 SDBS 作为分散剂和表面活性剂加入上述流体中并搅拌均匀;最后,将纳米颗粒按相应的浓度加入溶液中,在 60 ℃下持续搅拌 15 min,然后在 50 ℃下超声处理 30 min 后,即可获得具有优异的稳定性和均匀性的纳米流体。单一 MoS$_2$ 流体以及纳米复合流体中 MoS$_2$ 纳米粒子的含量均为 0.5%,5 组纳米复合流体中 N-CQDs 的浓度分别为0.1%、0.2%、0.3%、0.4%和 0.5%。此外,还按照上述步骤制备了不含纳米粒子的基础液作为对照组,基础液中的其他成分与纳米流体完全相同。

为了评价纳米流体的分散稳定性,拍摄了上述六组纳米流体在刚制备以及静置 168 h 后的照片,并采用紫外-可见光分光光度计(UV-6100 型)测定了不同纳米流体的相对浓度变化,结果如图 8-5 所示。

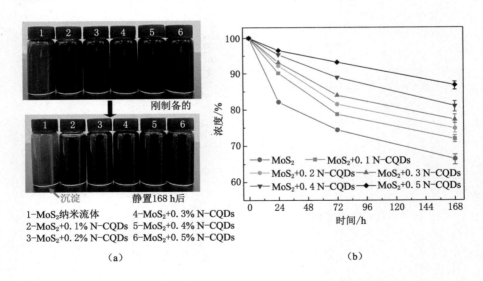

(a)   (b)

图 8-5 不同的纳米流体在刚制备好以及静置 168 h 后的照片以及纳米流体的相对浓度随静置时间的变化曲线

从图中可以得知,经过 168 h 的静置,六组纳米流体的底部都出现了明显的沉淀。其中,MoS₂ 纳米流体的颜色明显变浅,同时静置的各个时间段其相对浓度均为最低,而对于含有 N-CQDs 的纳米流体褪色现象相对不明显。因此,N-CQDs 在流体中表现出优异的分散稳定性。虽然流体中的 MoS₂ 纳米粒子存在一定程度的团聚,但所呈现的分散性能也足以研究 N-CQDs 在 MoS₂ 纳米流体中的润滑性能和作用机理。

进一步,包含基础液在内的各组润滑剂在不同剪切速率下的流变曲线如图 8-6 所示。随着剪切速率 γ 从 1 s⁻¹ 增加到 30 s⁻¹,各组润滑剂的动力黏度 η 均明显降低。随后,基础液的动力黏度趋向于稳定。而对于六组纳米流体,动力黏度在更高的剪切速率下呈现反弹上升趋势,且纳米流体的动力黏度随纳米粒子浓度的增加而升高。因此,本章研究的基础液和纳米流体均为具有剪切稀化行为的非牛顿流体,这种特性的出现是由于在流体中添加了分散剂和其他有机添加剂。然而,当剪切速率过高时,强剪切力会破坏纳米粒子之间稳定的相互作用而导致团聚,进而使表观黏度提高[29]。

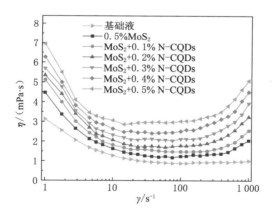

图 8-6　不同润滑剂的动力黏度随剪切速率的变化曲线

8.2　碳量子点-MoS₂ 纳米流体的摩擦学性能

8.2.1　纳米流体的销-盘摩擦学性能

8.2.1.1　摩擦学性能测试方法及参数设置

为阐明碳量子点-MoS₂ 纳米流体的润滑机制,首先研究了各组润滑剂的销-盘摩擦学性能,采用的摩擦实验机见本书 4.1.1 小节的图 4-1。在润滑剂的作用下,试样销在设定的压力和转速下与位于底部的试样盘间发生滑动摩擦,通过采集这一过程的摩擦力矩等参数即可得到摩擦系数(μ)。根据标准 ASTM G99—2017,每次实验的总时长为 3 600 s,试样销和盘的材质为 45 号钢,其详细的化学成分见表 8-1。实验载荷为 100~500 N,摩擦副转速为 100~500 r/min(0.126~0.628 m/s)。实验过程中每秒采集并计算一次摩擦系数。测试完成后,按照式(8-1)计算试样钢盘的磨损率 W_r:

$$W_r = \frac{\Delta W}{\rho l N} \tag{8-1}$$

式中　ΔW——钢盘试样的磨损质量损失,mg;

　　　ρ——摩擦副材料的密度,7.85 g/cm^3;

　　　l——摩擦副接触点运动的总行程,m;

　　　N——施加于钢盘的轴向载荷,N。

每次实验均重复测试了三次,并计算了摩擦系数和磨损率的平均值作为最终结果,以减少实验误差。

表 8-1　试样销和试样盘所用的 45 号钢的成分

元素	C	Si	Mn	Cr	S	Fe
含量/%	0.42	0.18	0.49	0.22	≤0.03	余量

8.2.1.2　N-CQDs 的浓度对摩擦学行为的影响

图 8-7 所示为基础液、MoS$_2$ 纳米流体以及含有不同浓度 N-CQDs 的纳米复合流体的摩擦系数-时间曲线以及平均摩擦系数和磨损率的变化。所用的实验载荷为 300 N,摩擦副转速设置为 300 r/min(0.377 m/s)。通过分析结果可以得知,基础液的润滑性能最差,摩擦系数和磨损率均最高,实验过程中摩擦系数曲线的波动较大,随着时间的增加,μ 不断升高。

在基础液中加入 MoS$_2$ 后,润滑剂的摩擦学性能有一定程度的改善;同时 N-CQDs 的加入进一步显著降低了摩擦系数和磨损率。N-CQDs 作为添加剂加入 MoS$_2$ 纳米流体的最优浓度为 0.4%,此时与单一 MoS$_2$ 纳米流体润滑条件相比,摩擦系数和磨损率分别降低了 30.4% 和 31.0%。当 N-CQDs 的浓度超过最佳浓度达到 0.5% 时,摩擦系数略有反弹且磨损率增幅较大。造成这种现象的原因是过高的浓度影响了纳米粒子在流体中的分散稳定性,很容易团聚成为大尺寸颗粒,这些大尺寸颗粒会成为磨损粒子使润滑剂的摩擦学行为

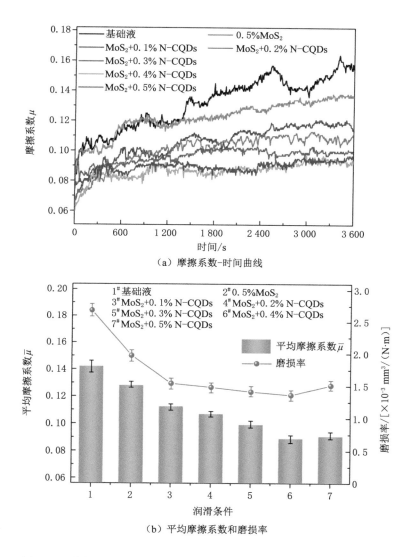

（a）摩擦系数-时间曲线

（b）平均摩擦系数和磨损率

图 8-7　不同润滑剂在 300 N、300 r/min 实验条件下的销-盘摩擦学行为

显著变差。值得注意的是,含有纳米粒子的润滑剂的摩擦系数曲线相对平滑,这反映了摩擦界面处一系列复杂的物理和摩擦化学反应促进了保护性润滑膜的形成。在 MoS₂ 纳米流体中加入 N-CQDs 可以进一步促进稳定摩擦膜的生成,从而降低摩擦系数和磨损率。

表 8-2 列出了本研究制备的 N-CQDs 纳米流体的摩擦学行为与相关学者的几项典型研究的对比,分析了在基础流体中加入纳米粒子后润滑剂摩擦系数的降低程度。由此可见,本研究采用的在水基润滑剂中协同使用 N-CQDs 和 MoS$_2$ 粒子,在降低摩擦系数方面表现出一定的优势和竞争力。

表 8-2　本研究和相关的典型研究制备的纳米流体的摩擦学性能对比

所用纳米粒子	所用基础流体	摩擦系数降低量及对应浓度	实验方法
本研究	水基基础液	37.3%(0.142 降至 0.089), 0.4%N-CQDs+0.5%MoS$_2$	销-盘摩擦学,300 N、300 r/min
六方氮化硼 (h-BN)[30]	水基基础液	26.3%(0.061 降至 0.045), 0.7%	四球摩擦学,392 N、1 760 r/min
Al$_2$O$_3$+MoS$_2$[31]	含油 5% 的 O/W 型乳化液	44.2%(0.278 降至 0.155), 1.25%	304 不锈钢车削
WS$_2$[32]	聚 α-烯烃	31.6%(0.114 降至 0.078), 0.4%	四球摩擦学,392 N、1 200 r/min
SiO$_2$-B-N-GO[33]	基础油	23.9%(0.092 降至 0.070), 0.15%	四球摩擦学,392 N、1 200 r/min

8.2.1.3　载荷对纳米流体的摩擦学行为的影响

在纳米复合流体摩擦学性能最优浓度,即 MoS$_2$+0.4%N-CQDs 的基础上,研究了载荷对摩擦学行为的影响,此时转速恒定为 300 r/min,结果如图 8-8 所示。随着载荷从 100 N 增加到 500 N,纳米复合流体的平均摩擦系数先降低,在 200 N 时达到最低,之后呈上升趋势。磨损率的变化规律较为复杂,但在 500 N 时的磨损率远远高于其他载荷条件。通过观察图 8-8(a)可以发现,在 500 N 时摩擦系数曲线出现了剧烈的波动,表明这一条件下摩擦过程极其不稳定。从以上实验结果可以得出以下几点推论:首先,在一定范围内,载荷的增加会导致金属表面的塑性变形,减少表面的凸峰和低谷,从而缓和摩擦磨损;其次,在较高的压力下,纳米粒子与金属表面之间的界面摩擦化学反应更容易发生,这有利于保护性摩擦膜的形成;再次,当摩擦副接触区域的压力超过纳米流体的承载能力时,如本研究的 500 N 载荷,润滑剂就会失效,从而导致严重的磨损;最后,相关研究也证实在相对较高的压力下,纳米粒子更难以进入摩擦副的接触界面,从而无法实现抗磨减摩效果。

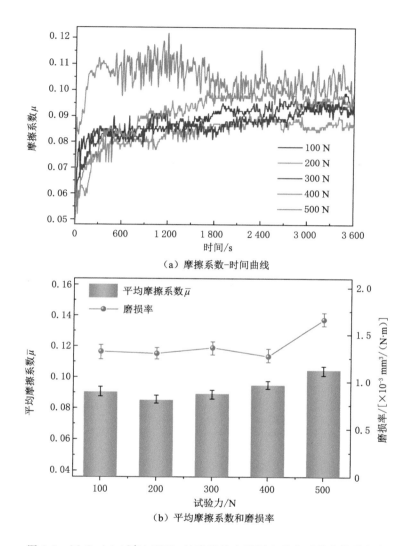

（a）摩擦系数-时间曲线

（b）平均摩擦系数和磨损率

图 8-8　MoS₂＋0.4％N-CQDs 纳米流体在不同实验力下的摩擦学行为

8.2.1.4　摩擦副转速对纳米流体的摩擦学行为的影响

进一步研究了摩擦速度对 MoS₂＋0.4％N-CQDs 纳米复合流体摩擦学性能的影响,实验载荷设置为 300 N,结果如图 8-9 所示。随着转速从 100 r/min (0.126 m/s)增加到 500 r/min(0.628 m/s),摩擦系数和磨损率均不断减小。

500 r/min 时的平均摩擦系数和磨损率分别比 100 r/min 时降低了约 33.5％和 28.7％。根据经典的摩擦学原理,摩擦系数随摩擦速度的增加而不断减小,表明本研究中纳米复合流体的润滑状态为混合润滑状态,即弹流动力润滑、边界润滑和薄膜润滑相结合的润滑状态[34]。在这种情况下,纳米流体在金属表面形成的摩擦膜厚度会随着转速的增加而提高。

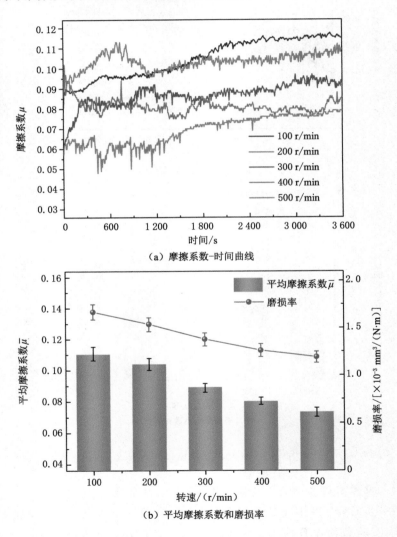

（a）摩擦系数-时间曲线

（b）平均摩擦系数和磨损率

图 8-9　$MoS_2 + 0.4％N\text{-}CQDs$ 纳米流体在不同转速下的摩擦学行为

8.2.2 磨损表面形貌分析

为了分析纳米复合流体的润滑机理,采用三维激光共焦显微镜对不同润滑条件下试样盘磨损表面的光学显微形貌、三维形貌及其对应的表面轮廓曲线(沿 $Y = 1\ 287.0\ \mu m$)进行了表征,结果如图 8-10 所示。表征的样品的实验条件为载荷 300 N,摩擦副转速 300 r/min。测量了磨损表面剖面的平均线粗糙度(Ra)、最大峰高(Rp)和最大谷深(Rv)。如图 8-10(a)所示,当使用基础液作为润滑剂时,磨痕的宽度约为 1577.6 μm。同时,表面出现了大量的犁沟、凸峰和塑性变形,同时箭头所示区域发生了严重的黏着磨损,犁沟的最大深度接近 30 μm。由图 8-10(b)可知,MoS₂ 纳米流体润滑条件下磨损表面的金属黏着现象基本消失,磨痕宽度减小至约 1 096.1 μm,但仍有明显的由磨粒磨损引起的犁沟和凸峰。从磨痕轮廓曲线和粗糙度测量结果来分析,MoS₂ 纳米流体润滑条件下磨痕区域的 Ra 值与基础液润滑条件下基本一致,然而 Rp 和 Rv 值分别显著下降了约 40.2% 和 58.0%。由图 8-10(c)可知,加入 N-CQDs 后,纳米复合流体润滑下的磨损形式没有明显变化,但摩擦表面的磨损体积进一步减小,磨痕的宽度减小至约 904.3 μm。表面质量得到明显提高,此时的表面粗糙度值最小,犁沟变得稀疏,凸峰也被显著削弱。

8.2.3 磨损表面的化学成分及润滑膜结构

采用 SEM 和 EDS 对 MoS₂ 和 MoS₂+0.4% N-CQDs 纳米流体润滑条件下的磨损表面进行表征分析,结果如图 8-11 所示。如图 8-11(a)所示,在 MoS₂ 纳米流体润滑条件下,磨痕区域沿滑动方向出现由金属黏着引起的微裂纹,具体如图中箭头所示。磨痕较宽,表明存在严重的塑性变形。然而,当使用 MoS₂+0.4% N-CQDs 纳米流体作为润滑剂时,磨损表面的沟槽和凸峰变得更细、更浅。进一步通过 EDS 结果可以发现,C 和 S 元素在金属表面分布均匀,特别是在沟槽区域,这一现象反映了纳米粒子在润滑剂中的"自修复效应"。由于这些粒子具有极高的比表面积和化学活性[18],因此纳米粒子就很容易沉积和吸附在金属表面从而修复表面缺陷[35]。在不含碳基纳米粒子的单一 MoS₂ 纳米流体润滑的磨损表面,C 元素主要来源于基础流体中分散剂以及其他有机分子的摩擦烧结。此外,还观察到一定量的 MoS₂ 和 N-CQDs 纳米粒子聚集在金属表面,这也支持了上述的"自修复效应"。EDS 结果还表明,纳米复合流体润滑的磨损表面 C、N 相对含量增加,也能够证实磨损表面 N-CQDs 的存在。综上所述,氮掺杂碳量子点作为添加剂应用于纳米流体有助于获得更好的润滑性能,从而改善磨损表面质量,降低材料和能源损耗。

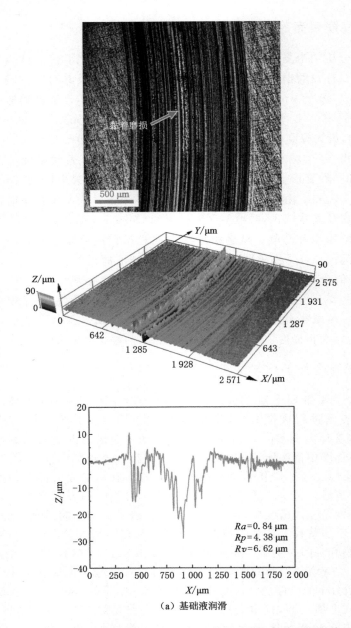

（a）基础液润滑

图 8-10 不同润滑条件下的钢盘表面磨痕区域的光学显微形貌、
三维形貌以及对应的轮廓曲线和粗糙度

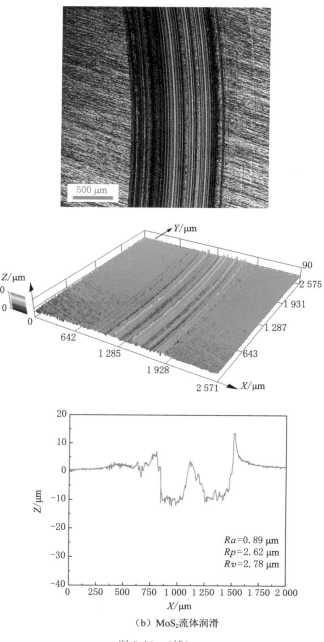

（b）MoS₂流体润滑

图 8-10 （续）

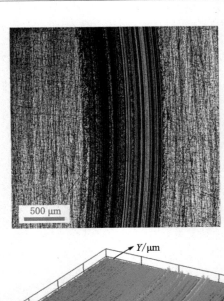

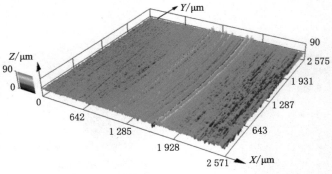

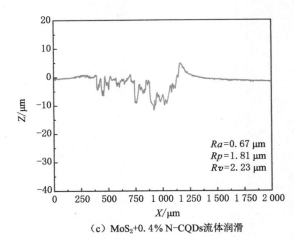

（c）MoS$_2$+0.4% N-CQDs流体润滑

图 8-10 （续）

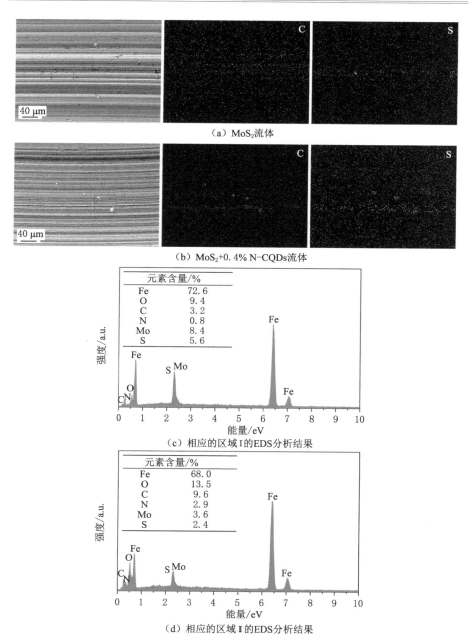

（a）MoS₂流体

（b）MoS₂+0.4% N-CQDs流体

（c）相应的区域Ⅰ的EDS分析结果

（d）相应的区域Ⅰ的EDS分析结果

图 8-11　采用 SEM 和 EDS 对 MoS₂ 和 MoS₂＋0.4％N-CQDs 纳米流体润滑
条件下的磨损表面进行表征分析

　　在摩擦过程中,润滑剂与金属表面之间会发生一系列复杂的物理和化学过程,这是提高润滑剂的抗磨减摩性能所必需的。因此,进一步研究了 N-CQDs 对摩擦界面摩擦化学反应和润滑膜形成的影响。图 8-12 所示为 MoS_2 和 MoS_2＋0.4％N-CQDs 纳米流体润滑下试样盘磨损表面的 XPS 分析结果,以明确各元素化学状态的差异。首先,对比分析两种润滑条件下的 C 1s 谱,可以发现两种条件下均出现了 C—C/C＝C(284.7 eV)、C—OH(286.2 eV)和—COOH(289.2 eV)的特征峰,来自纳米流体中的有机物质和 N-CQDs 粒子;C 1s 谱中 C—N 和 C—O—C 峰的存在以及纳米复合流体润滑表面—COOH 含量的增加也表明了 N-CQDs 的存在。各官能团的相对含量的变化表明,纳米粒子和有机分子发生了共价键的持续断裂和形成。相关研究也表明,—OH 和—COOH 基团对润滑膜的形成至关重要[36-37]。纳米复合流体润滑表面 N 1s 谱中出现的特征峰也证实了上述推断。值得注意的是,N 1s 谱中 402.6 eV 处的特征峰与含氮氧化物有关。这一结果表明,在摩擦界面高温高压环境作用下,N-CQDs 中部分含 N 基团被氧化为—NO_2。因此,纳米粒子与金属表面的相互作用变得更强,这能够使润滑膜的强度进一步提高。

　　如图 8-12(c)和(d)所示,S 2p 谱位于 162.6 eV 和 163.8 eV 处的特征峰对应着 MoS_2。同时,位于 167.9 eV、169.1 eV 处的 S 2p 峰以及 713.6 eV 处的 Fe 2p 峰表明磨损表面生成了 $FeSO_4$ 和 $Fe_2(SO_4)_3$。纳米复合流体润滑的磨损表面的含 S 物质中 MoS_2 含量远低于 MoS_2 纳米流体润滑的磨损表面。结合能在 709~715 eV 范围内的 Fe $2p_{3/2}$ 峰和结合能在 722~729 eV 范围内的 Fe $2p_{1/2}$ 峰代表包括 Fe_3O_4、Fe_2O_3 在内的铁氧化物;两种润滑条件下,$Fe_x(SO_4)_y$ 占所有含铁化合物的比例基本相同。综合上述结果可以推断,对于 N-CQDs-MoS_2 纳米复合流体润滑的表面,MoS_2 纳米粒子吸附量的减少是由于 N-CQDs 占据了部分吸附位点,类似于有机润滑添加剂的竞争吸附现象[38]。上述结果表明,在摩擦过程的局部高温高压条件下,MoS_2 纳米粒子在水基流体环境中与金属表面发生了式(8-2)所示的反应:

$$3Fe + 2MoS_2 + 11O_2 \rule[0.5ex]{2em}{0.4pt} FeSO_4 + Fe_2(SO_4)_3 + 2MoO_3 \qquad (8-2)$$

　　新形成的 MoO_3 颗粒具有与 MoS_2 相似的片层结构,具有一定润滑作用。同时,磨损表面的 $FeSO_4$ 和 $Fe_2(SO_4)_3$ 通常也具备自润滑作用[39]。

　　为了进一步证实上述摩擦界面处的摩擦化学过程,对润滑膜的结构和化学成分进行了表征分析,结果如图 8-13 所示。可以发现在 Fe 基体上生成了平均厚度约为 13.9 nm 的润滑膜。进一步从图 8-13(b)的 HRTEM 图像中可以看出,润滑膜区域存在明显的无序晶格,同时图 8-13(c)所示的 SAED 结果

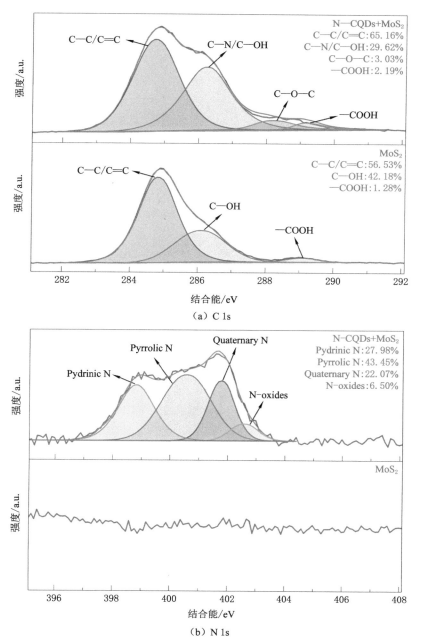

图 8-12　MoS₂ 流体和 MoS₂＋0.4％N-CQDs 流体润滑条件下磨损表面的 XPS 分析结果

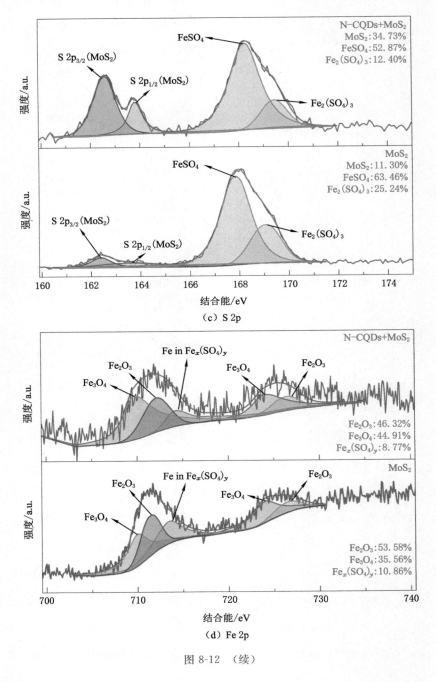

（c）S 2p

（d）Fe 2p

图 8-12 （续）

呈现明显的衍射环。因此,可以判断润滑膜主要由细小的晶体颗粒和无定形结构组成。我们之前的研究发现,含有 MoS₂ 和 Al₂O₃ 纳米颗粒的纳米流体形成的润滑膜顶部有明显的多孔区域[40],但本研究的润滑膜相对均匀。这一差异表明,N-CQDs 和 MoS₂ 具有优异的成膜能力和剥离效应[41],这些纳米粒子在摩擦过程中通过"摩擦烧结"作用转化为超细晶体颗粒。此外,如图 8-13(d) 所示,所有这些元素均匀地分布在摩擦膜中,Fe 基体与润滑膜界面处的 S 含量高于其他区域,这也反映了在磨损表面形成了 FeSO₄ 和 Fe₂(SO₄)₃。

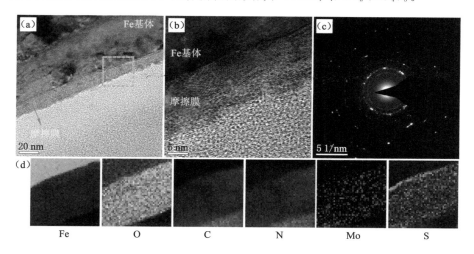

图 8-13   MoS₂＋0.4％N-CQDs 纳米流体润滑条件下磨损界面润滑膜

8.3   基于分子动力学模拟的润滑机理探究

8.3.1   模型的构建及参数设置

为了进一步从原子尺度阐明 N-CQDs 在 MoS₂ 纳米流体中的润滑机理,采用 NEMD 模拟方法研究了 MoS₂ 以及 MoS₂＋N-CQDs 两种润滑条件下摩擦副之间原子的动态扩散和分布情况。分子动力学模拟的模型及参数设置如下:

建立了含 MoS₂ 纳米粒子以及同时含 MoS₂ 和 N-CQDs 粒子的分子动力学模型,以模拟纳米流体润滑条件下的摩擦过程,如图 8-14 所示。由于本模拟研究的重点是摩擦过程中纳米粒子的行为,且纳米流体的润滑状态通常为边界或混合润滑状态,即摩擦副接触界面处通常没有足够的流体润滑剂,无法防止摩擦副表面的直接接触[42]。因此,上述模拟模型中没有加入水、分散剂等流体分子。纳米粒子放置在两层铁表面之间,模型整体尺寸为 114 Å× 40 Å×90 Å。金属原子间的相互作用采用嵌入原子势(EAM)修饰[43],原子间的范德瓦耳斯相互作用采用 12-6 Lennard-Jones 势修饰[44]。

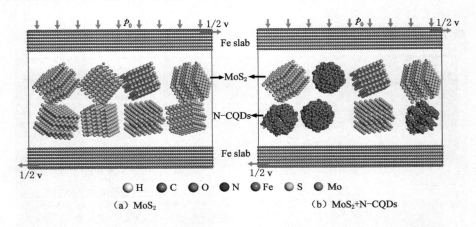

图 8-14　流体润滑条件下的分子动力学模拟模型

在构建完成模型的基础上,进行动力学和约束剪切模拟。首先,沿 z 方向施加 $p_0 = 100$ MPa 的压力,以模拟实际摩擦过程接触区的压力。使用 Nose-Hoover 恒温器将系统的温度维持在 298 K[45],随后使模拟体系充分弛豫 200 ps,使其在正则系综(NVT)下达到平衡状态。然后,在微正则系综(NVE)下进行约束剪切过程,摩擦副以 $v = 0.05$ Å/ps(5 m/s)的相对速度沿 x 轴以相反方向移动,从而模拟实际的滑动摩擦过程。滑动过程共持续 1 000 ps,时间步长为 1 fs,每 10 ps 记录并输出一次原子的运动轨迹和速度。

8.3.2　摩擦界面处的原子分布

在分子动力学模拟的最终状态(1 000 ps)下,MoS$_2$ 和 N-CQDs 中的关键原子在 Fe 表面间的分布以及相应的浓度分布曲线如图 8-15 所示。当仅添加 MoS$_2$ 纳米粒子时,S 原子倾向于分布在摩擦副与润滑剂的界面处,而 Mo 原子的分布非常均匀,如图 8-15(a)所示。同时,由图 8-15(b)可以看出,对于同时包含 N-CQDs 和 MoS$_2$ 的体系,S、N 和 O 原子均有向 Fe 表面移动的趋势,但界面处 S 原子的浓度总体上低于图 8-15(a)所示的纯 MoS$_2$ 润滑体系。

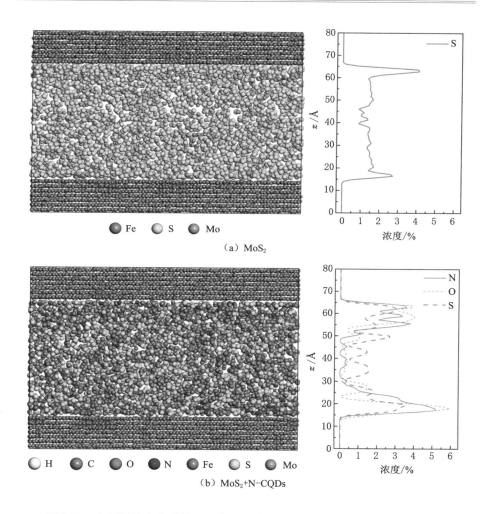

Fe　S　Mo

（a）MoS₂

H　C　O　N　Fe　S　Mo

（b）MoS₂+N-CQDs

图 8-15　含不同纳米粒子的 MD 模型在模拟最终时刻关键原子沿 z 方向的
分布以及相关的浓度分布曲线

　　两个模拟体系在模拟过程中的势能变化如图 8-16 所示。通过分析可以发现在 200 ps 左右两个系统的势能趋于稳定，表明 MD 系统达到了金属表面与不同纳米粒子之前发生相互作用的相对平衡状态，也能够反映本章所建立的 MD 模型和设置的参数是科学和合理的。MoS₂ 和 MoS₂＋N-CQDs 体系在平衡态的势能平均值均为负值，分别为－1 834.8 kcal/mol 和－2 040.4 kcal/mol。MoS₂＋N-CQDs 体系更低的平均势能表明该体系内的引力相互作用强于纯 MoS₂ 体系,由此可以推断 $MoS_2+N\text{-}CQDs$ 纳米流体形成的摩擦膜具有更高的强度和内聚力,即更加稳定和致密[46],润滑性能也因而更好。原子向金属表面的扩散反映了金属原子对润滑剂的吸附行为[47],这对摩擦界面化学反应的发生和摩擦膜的形成起着至关重要的作用。因此,可以确定 N-CQDs 与金属表面的相互作用主要是通过含有 O 和 N 原子的各种官能团;而对于 MoS_2 纳米粒子,这些作用主要是通过 S 原子实现的。随后,与这些活性原子和官能团共价结合的其他原子也附着在了摩擦表面。

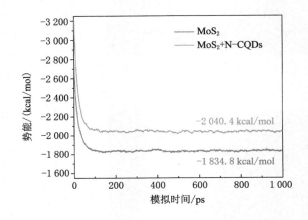

图 8-16　含不同纳米粒子的 MD 模型的总势能随模拟时间的变化曲线

8.3.3　碳量子点与 MoS_2 纳米粒子的协同润滑模型

基于上述的实验和分子动力学模拟结果,讨论并提出了 N-CQDs 作为润滑添加剂在 MoS_2 纳米流体中的润滑机理。

首先,在摩擦过程中,纳米粒子在金属表面之间高速移动,利用摩擦过程中的这一高动能可以削弱摩擦副表面的凸峰,即通过抛光机制改善表面质量。当载荷在一定范围内增加时,这种效应会得到加强。

其次,在压力和剪切力的作用下,MoS_2 纳米粒子会表现出层间滑动效应,即作用在金属表面的部分摩擦可以被纳米片的层间内摩擦来分担。同时,球形 N-CQDs 纳米粒子可以作为滚珠轴承在摩擦表面之间滚动,将部分滑动摩擦转化为滚动摩擦。本书第 4 章以及笔者已有的研究[48]也证明了层状和球形纳米粒子的联合使用可以通过协同润滑性能以降低摩擦和磨损,与这一研究类似,从纳米粒子的运动方式来看,本研究 MoS_2 纳米粒子的 S 原子可以在 N-CQDs 表面吸附和转移,进而促进滚动运动,而滚动运动反过来也增强了 MoS₂ 纳米片的层间滑动效应;从其物理化学性质来看,球形 N-CQDs 纳米颗粒可以分离不同的 MoS₂ 单层,减弱片层间的化学反应、相互缠绕等可能抑制层间滑动效应的现象。此外,MoS₂ 纳米片可以防止坚硬的 N-CQDs 纳米粒子嵌入 Fe 基体中,保证了 N-CQDs 颗粒滚动运动的流畅性,减少了摩擦表面的磨损。上述这些机制的协同作用使 MoS₂＋N-CQDs 纳米复合流体表现出了更优异的摩擦学性能。

再次,如图 8-17 所示,在摩擦界面的摩擦化学作用下,纳米流体中的纳米粒子和有机分子会在金属表面沉积和吸附,进而诱导出一系列的反应。摩擦表面会被一层保护性的摩擦膜所覆盖,且部分纳米粒子会破碎和剥离成更小的晶体颗粒。随后,MoS₂ 颗粒可以通过其中的 S 原子附着在金属表面,同时 N-CQDs 含氧基团(—OH、—COOH、C—O—C)中的 O 原子和含氮基团(C—N、—NO₂)中的 N 原子会通过氢键和范德瓦耳斯相互作用与 Fe 原子形成吸引作用,增强了纳米粒子与金属表面的吸附强度。此外,根据 Ye 等[49]的研究,在摩擦过程中金属表面会产生大量的正电荷,因此 N-CQDs 中含氧、含氮基团的吸附会更加容易和迅速。综合上述分析,由于 N-CQDs 比 MoS₂ 纳米颗粒具有更强的吸附能力,N-CQDs-MoS₂ 纳米复合流体形成的摩擦膜相比 MoS₂ 纳米流体更致密和牢固。因此,加入 N-CQDs 以改善纳米流体的润滑性能具有一定的理论可行性和研究价值。摩擦膜能有效避免摩擦副的直接接触,对保护金属表面不受严重磨损具有重要意义。纳米晶颗粒、多组分非晶态物质以及摩擦化学诱导的 FeSO₄/Fe₂(SO₄)₃ 具有自润滑作用,也一定程度上有助于减缓界面处的摩擦磨损。

本章阐述了 N-CQDs-MoS₂ 纳米复合流体的摩擦学行为及润滑机理。本章提出了一种合成 N-CQDs 纳米粒子的新方法,并通过实验和分子动力学模拟揭示了摩擦化学诱导的润滑性能强化相关作用机理。主要研究成果如下:

① N-CQDs 粒子的表征表明,本章制备的碳量子点具有类似氧化石墨烯的结构,含有丰富的含氧和含氮官能团。在 MoS₂ 纳米流体中添加 0.4％的 N-CQDs 可以获得最佳的润滑性能,可以使摩擦系数和磨损率相比采用纯 MoS₂ 流体润滑分别降低了 30.4％和 31.0％。

② MoS₂ 和 N-CQDs 纳米粒子在摩擦表面沉积和吸附,在摩擦界面处形成了一层平均厚度约 13.9 nm 的保护性摩擦膜,该摩擦膜由无定形物质、超细晶 N-CQDs/MoS₂ 粒子和具备自润滑性能的 FeSO₄/Fe₂(SO₄)₃ 组成。

③ 结合分子动力学模拟结果,MoS₂ 中的 S 原子和 N-CQDs 中的各种基

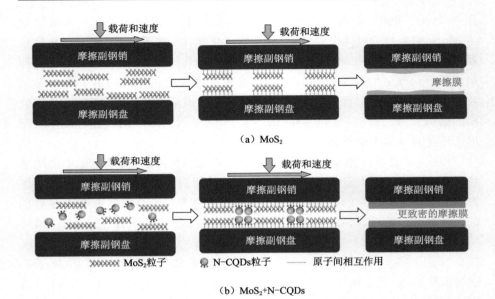

图 8-17　纳米流体润滑条件下金属表面摩擦膜的形成机理

团（主要为—OH、—COOH、C—O—C、C—N 以及—NO₂）与金属表面的相互作用促进了纳米粒子的沉积和摩擦化学反应的发生，这进一步提高了摩擦膜的稳定性和致密性，从而可以更好地保护金属表面免受严重磨损。本章的研究结果和结论表明，制备的新型环保的 N-CQDs 具有优良的摩擦学性能，是一种具有工业应用潜力的润滑添加剂。本章也可为今后纳米润滑领域的研究提供参考。

本章参考文献

[1] YAN Z Y，CHEN J，XIAO A，et al. Effects of representative quantum dots on microorganisms and phytoplankton：a comparative study[J].RSC advances，2015，5(129)：106406-106412.

[2] DUTTA S，CHATTERJEE S，MALLEM K，et al.Control of size and distribution of silicon quantum dots in silicon dielectrics for solar cell application：a review[J].Renewable energy，2019，144：2-14.

[3] HUANG H，HU H L，QIAO S，et al.Carbon quantum dot/CuS$_x$ nano-

composites towards highly efficient lubrication and metal wear repair [J].Nanoscale,2015,7(26):11321-11327.

[4] TANG W W,ZHANG Z,LI Y F.Applications of carbon quantum dots in lubricant additives:a review[J].Journal of materials science,2021,56 (21):12061-12092.

[5] TANG J Z,CHEN S Q,JIA Y L,et al.Carbon dots as an additive for improving performance in water-based lubricants for amorphous carbon (α-C) coatings[J].Carbon,2020,156:272-281.

[6] XIAO H P,LIU S H,XU Q,et al.Carbon quantum dots:an innovative additive for water lubrication[J].Science China technological sciences, 2019,62(4):587-596.

[7] ALAM A M,PARK B Y,GHOURI Z K,et al.Synthesis of carbon quantum dots from cabbage with down- and up-conversion photoluminescence properties:excellent imaging agent for biomedical applications[J].Green chemistry, 2015,17(7):3791-3797.

[8] DAS R,BANDYOPADHYAY R,PRAMANIK P.Carbon quantum dots from natural resource:a review[J].Materials today chemistry,2018,8: 96-109.

[9] TU Z Q,HU E Z,WANG B B,et al.Tribological behaviors of Ni-modified citric acid carbon quantum dot particles as a green additive in polyethylene glycol [J].Friction,2020,8(1):182-197.

[10] MARIA S,MUSTAFA A,ADOLFO S,et al.One-step "green" synthesis of dispersable carbon quantum dots/poly (methyl methacrylate) nanocomposites for tribological applications [J]. Tribology international, 2020,148:106311.

[11] MOU Z H,ZHAO B,WANG B G,et al.Integration of functionalized polyelectrolytes onto carbon dots for synergistically improving the tribological properties of polyethylene glycol[J].ACS applied materials and interfaces,2021,13(7):8794-8807.

[12] HE J Q,SUN J L,MENG Y N,et al.Superior lubrication performance of MoS₂-Al₂O₃ composite nanofluid in strips hot rolling[J].Journal of manufacturing processes,2020,57:312-323.

[13] ALI M K A,HOU X J,ABDELKAREEM M A A.Anti-wear properties e-

valuation of frictional sliding interfaces in automobile engines lubricated by copper/graphene nanolubricants[J].Friction,2020,8(5):905-916.

[14] DU S N,SUN J L,WU P.Preparation,characterization and lubrication performances of graphene oxide-TiO$_2$ nanofluid in rolling strips[J]. Carbon,2018,140:338-351.

[15] ZHENG X J,XU Y F,GENG J,et al.Tribological behavior of Fe$_3$O$_4$/MoS$_2$ nanocomposites additives in aqueous and oil phase media[J].Tribology international,2016,102:79-87.

[16] SALEEM M,NAZ M Y,SHUKRULLAH S,et al.One-pot sonochemical preparation of carbon dots,influence of process parameters and potential applications:a review[J].Carbon letters, 2021,32:39-55.

[17] WU H,ZHAO J W,XIA W Z,et al.A study of the tribological behaviour of TiO$_2$ nano-additive water-based lubricants[J].Tribology international,2017,109:398-408.

[18] WANG B B,ZHONG Z D,QIU H,et al.Nano serpentine powders as lubricant additive:tribological behaviors and self-repairing performance on worn surface[J].Nanomaterials,2020,10(5):922.

[19] REINERT L,SCHÜTZ S,SUÁREZ S,et al.Influence of surface roughness on the lubrication effect of carbon nanoparticle-coated steel surfaces[J].Tribology letters,2018,66(1):45.

[20] CHO D H,KIM J S,KWON S H.Evaluation of hexagonal boron nitride nano-sheets as a lubricant additive in water[J].Wear,2013,302(1/2):981-986.

[21] WANG C L,SUN J L,WU P,et al.Microstructural characterization and tribological behavior analysis on triethanolamine functionalized reduced graphene oxide[J].Surface topography:metrology and properties,2021, 9(2):025023.

[22] CHOU C C,LEE S H.Tribological behavior of nanodiamond-dispersed lubricants on carbon steels and aluminum alloy[J].Wear,2010,269(11/12):757-762.

[23] SNEHA E,REVIKUMAR A,SINGH J Y,et al.Ananthan D Thampi. Viscosity prediction of Pongamia pinnata (Karanja) oil by molecular

dynamics simulation using GAFF and OPLS force field[J].Journal of molecular graphics and modelling,2020,101:107764.

[24] MASAKAZU K,HITOSHI W.Understanding the effect of the base oil on the physical adsorption process of organic additives using molecular dynamics[J].Tribology international,2020,149:105568.

[25] SHI J Q,FANG L,SUN K.Friction and wear reduction via tuning nanoparticle shape under low humidity conditions:a nonequilibrium molecular dynamics simulation[J].Computational materials science,2018,154:499-507.

[26] FU J,WEI C,WANG W,et al.Studies of structure and properties of graphene oxide prepared by ball milling[J].Materials research innovations,2015,19(S1):277-280.

[27] RAY S C,SAHA A,BASIRUDDIN S K.Polyacrylate-coated grapheneoxide and graphene solution via chemical route for various biological application[J].Diamond and related materials,2011,20(3):449-453.

[28] MUZYKA R,DREWNIAK S,PUSTELNY T,et al.Characterization of graphite oxide and reduced graphene oxide obtained from different graphite precursors and oxidized by different methods using Raman spectroscopy[J].Materials,2018,11(7):1050.

[29] BRADY J F,BOSSIS G.The rheology of concentrated suspensions of spheres in simple shear flow by numerical simulation[J].Journal of fluid mechanics,1985,155:105.

[30] HE J Q,SUN J L,MENG Y N,et al.Preliminary investigations on the tribological performance of hexagonal boron nitride nanofluids as lubricant for steel/steel friction pairs[J].Surface topography:metrology and properties,2019,7(1):015022.

[31] SHARMA A K,SINGH R K,DIXIT A R,et al.Novel uses of alumina-MoS₂ hybrid nanoparticle enriched cutting fluid in hard turning of AISI 304 steel[J].Journal of manufacturing processes,2017,30:467-482.

[32] JIANG Z Q,ZHANG Y J,YANG G B,et al.Synthesis of oil-soluble WS₂ nanosheets under mild condition and study of their effect on tribological properties of poly-alpha olefin under evaluated temperatures[J].Tribology international,2019,138:68-78.

[33] XIONG S,ZHANG B S,LUO S,et al.Preparation,characterization,and tribological properties of silica-nanoparticle-reinforced B-N-co-doped reduced graphene oxide as a multifunctional additive for enhanced lubrication[J].Friction,2021,9(2):239-249.

[34] 温诗铸,黄平,田煜.摩擦学原理[M].5 版.北京:清华大学出版社,2018.

[35] THRUSH S J,COMFORT A S,DUSENBURY J S,et al.Stability, thermal conductivity,viscosity,and tribological characterization of zirconia nanofluids as a function of nanoparticle concentration[J].Tribology transactions,2020,63(1):68-76.

[36] MATSUI Y,AOKI S,MASUKO M.Elucidation of the action of functional groups in the coexisting ashless compounds on the tribofilm formation and friction characteristic of zinc dialkyldithiophosphate-formulated lubricating oils[J].Tribology transactions,2018,61(2):220-228.

[37] PADENKO E,VAN ROOYEN L J,WETZEL B,et al."Ultralow" sliding wear polytetrafluoro ethylene nanocomposites with functionalized graphene[J].Journal of reinforced plastics and composites,2016,35(11):892-901.

[38] NGO D,HE X,LUO H M,et al.Competitive adsorption of lubricant base oil and ionic liquid additives at air/liquid and solid/liquid interfaces[J].Langmuir,2020,36(26):7582-7592.

[39] XIONG S,SUN J L,XU Y,et al.Tribological performance and wear mechanism of compound containing S,P,and B as EP/AW additives in copper foil oil[J].Tribology transactions,2016,59(3):421-427.

[40] HE J Q,SUN J L,MENG Y N,et al.Improved lubrication performance of MoS_2-Al_2O_3 nanofluid through interfacial tribochemistry[J].Colloids and surfaces A:physicochemical and engineering aspects,2021,618:126428.

[41] LIU Y,ZHANG X F,DONG S L,et al.Synthesis and tribological property of Ti_3C_2 T[J].Journal of materials science,2017,52(4):2200-2209.

[42] EWEN J P,HEYES D M,DINI D. Advances in nonequilibrium molecular dynamics simulations of lubricants and additives [J]. Friction,2018,6(4):349-386.

[43] LIN E Q,NIU L S,SHI H J,et al.Molecular dynamics simulation of nano-scale interfacial friction characteristic for different tribopair sys-

tems[J].Applied surface science,2012,258(6):2022-2028.

[44] BURROWS S A,KOROTKIN I,SMOUKOV S K,et al.Benchmarking of molecular dynamics force fields for solid-liquid and solid-solid phase transitions in alkanes[J].The journal of physical chemistry B,2021,125 (19):5145-5159.

[45] EVANS D J, HOLIAN B L. The nose-hoover thermostat[J]. The journal of chemical physics,1985,83(8):4069-4074.

[46] PEBDANI M H,MILLER R E.Molecular dynamics simulation of pull-out Halloysite nanotube from polyurethane matrix[J].Advances in mechanical engineering,2021,13(9):110446.

[47] SARAH B,SOPHIE L,STEPHAN N S,et al.Adhesion of lubricant on aluminium through adsorption of additive head-groups on γ-alumina:a DFT study[J].Tribology international,2020,145:106140.

[48] HE J Q,SUN J L,MENG Y N,et al.Synergistic lubrication effect of Al₂O₃ and MoS₂ nanoparticles confined between iron surfaces:a molecular dynamics study[J].Journal of materials science,2021,56(15):9227-9241.

[49] YE M T,CAI T,SHANG W J,et al.Friction-induced transfer of carbon quantum dots on the interface:microscopic and spectroscopic studies on the role of inorganic-organic hybrid nanoparticles as multifunctional additive for enhanced lubrication[J].Tribology international,2018,127:557-567.

第 9 章　总结与展望

9.1　主要研究结论

　　本书所阐述的研究成果从综合考虑纳米粒子的润滑性能和化学反应活性出发,制备了新型水基 MoS_2-Al_2O_3 纳米复合流体和氮掺杂碳量子点纳米流体。在满足轧制工艺润滑要求的基础上,实现对热轧带钢的表面效应,包括改善表面质量、抑制金属高温氧化、向带钢基体扩散导致微观组织演变以及表面耐蚀性强化。通过摩擦学实验、钢-钢摩擦副磨损实验、带钢热轧实验,同时结合分子动力学模拟,阐明了润滑过程中纳米复合粒子的协同润滑机理。采用实验和模拟计算手段,对轧后带钢表层的微观组织、化学成分和结构进行分析,揭示了纳米复合粒子的防氧化机理和扩散机制,明确了其诱导的轧后带钢耐蚀性强化机理。主要结论如下:

　　① 借助多巴胺聚合的贻贝化学反应,以 MoS_2 和 $AlCl_3$ 为主要原材料,通过溶剂热法制备了水基 MoS_2-Al_2O_3 纳米复合流体,其具有优异的分散稳定性和润湿性能,且同时表现出"剪切稀化"和"剪切增稠"的非牛顿流变性能。四球摩擦学实验表明,其质量浓度为 2% 时具有最佳的极压抗磨减摩综合性能,油膜强度和极压抗磨系数分别为 697 N 和 2.72 N/μm。纳米复合流体在钢-钢摩擦副磨损过程中,能够与摩擦金属表面发生一系列物理和摩擦化学过程,形成了平均厚度 23 nm 的由物理吸附膜和化学反应层构成的双层摩擦膜。其中,物理吸附膜由无定形结构及细小的 Al_2O_3 和 MoS_2 晶体组成,位于物理吸附膜底部的化学反应层由 Fe_3O_4、Fe_2O_3 和 $Fe_2(SO_4)_3$ 组成。

　　② 通过对纳米流体润滑的钢-钢摩擦过程进行分子动力学模拟,发现在摩擦过程中纳米复合粒子中 Al_2O_3 的运动由 91% 的滚动运动和 9% 的滑动运动组成,同时 MoS_2 的层间滑移将 72.3% 作用于金属表面的摩擦转化为了

片层内摩擦,减少了材料磨损。进一步分析原子的扩散行为,两者实现协同润滑作用的主要机理为:MoS_2 中的 S 原子向 Al_2O_3 表面的扩散促进了 Al_2O_3 的滚动运动,而 Al_2O_3 的滚动运动又强化了 MoS_2 的层间滑动机制;MoS_2 片层阻止了高硬度 Al_2O_3 向较软 Fe 基体的嵌入,同时 Al_2O_3 避免了高活性的 MoS_2 因变形、相互缠绕和化学反应导致其层间滑动被抑制。

③ MoS_2-Al_2O_3 纳米复合流体用于板带钢热轧,使轧制力、轧辊回弹和轧后表面粗糙度相比基础液润滑分别降低了 26.9%、35.7% 和 25.9%。热轧润滑过程中,纳米复合流体中的 MoS_2-Al_2O_3 分解和氧化为 MoS_2、Al_2O_3 和 MoO_3 粒子。三种纳米粒子通过层间滑移、滚珠轴承效应、自修复效应及抛光机制的协同作用降低了板带钢热轧的摩擦磨损和轧制力。此外,MoS_2 与金属表面反应生成的具有自润滑作用的 $Fe_2(SO_4)_3$ 能够进一步保护带钢表面,提高轧后表面质量。

④ MoS_2-Al_2O_3 纳米流体与高温带钢的一系列物理化学过程诱发了表面微观结构演变。带钢表层基体及氧化相的晶粒尺寸明显减小,较低的局部取向差和变形晶粒比例也表明表面残余应力和变形降低,有助于提高材料的表面性能。同时,惰性的 Al_2O_3 粒子物理沉积和吸附在热轧带钢表面,而 MoS_2 发生了化学扩散,在热轧氧化层外侧形成了由 Al_2O_3、FeS 和 $FeMo_4S_6$ 相组成的致密扩散层,不同相晶粒的界面处以多晶结构紧密连接。

⑤ 借助量子化学中的过渡态搜索,计算得到 MoS_2 中的 Mo 和 S 原子分别通过置换扩散和间隙扩散向 γ-Fe 晶格扩散形成 FeS 和 $FeMo_4S_6$ 扩散相,扩散的势垒分别为 0.84 eV 和 0.54 eV;结合分子动力学模拟、菲克扩散定律和响应曲面法,建立了 Mo 和 S 原子向热轧带钢表面的扩散深度 d_c 随热轧温度 T、压强 p 和时间 t 变化的数学模型:

$$d_c(Mo) = 3.3 \times 10^{-9} t^{1/2} \times (1.65 \times 10^{-4} + 263.3T - 90.5p + 0.18T \cdot p - 0.0015T^2 + 0.29p^2)^{1/2}$$

$$d_c(S) = 4.5 \times 10^{-9} t^{1/2} \times (6.56 \times 10^5 - 225.9T - 3254.3p + 2.26T \cdot p + 0.436T^2 + 4.64p^2)^{1/2}$$

经实验验证,上述模型具有较高的准确度。

⑥ Al_2O_3 粒子在带钢表面形成了厚度约为 193 nm 结构致密的沉积层,有效抑制了热轧过程的金属氧化。氧化层厚度由 60.4 μm 降低至 39.5 μm,且高价氧化物 Fe_2O_3 的比例显著降低。恒温氧化实验表明,此时带钢发生氧化反应的活化能从 123.6 kJ/mol 提高至 141.8 kJ/mol。分子动力学模拟结果揭示了 Al_2O_3 沉积层通过对 O_2、H_2O 分子的物理吸附和穿透阻隔作用,降低

了氧化气体向带钢基体的扩散系数,实现了氧化抑制作用。

⑦ NaCl 溶液中的电化学腐蚀实验表明,相比于原始钢板试样,MoS_2-Al_2O_3 纳米复合流体润滑的热轧带钢表面更加致密的氧化层以及纳米扩散层起到了 91.2% 的腐蚀防护效率。电化学腐蚀表面大面积的点蚀基本消失,腐蚀产物以 Fe_3O_4、Fe_2O_3 和 $FeOOH$ 为主。计算了腐蚀介质粒子在不同氧化物和扩散相晶体表面的吸附和扩散行为,发现腐蚀粒子在 Al_2O_3 晶体表面的吸附能绝对值最高,且在 Al_2O_3 和 $FeMo_4S_6$ 中的扩散系数较低。因此,可以明确轧后带钢表面生成的 Al_2O_3 和 $FeMo_4S_6$ 相通过对腐蚀粒子的吸附作用和屏蔽作用阻止了与带钢基体的接触和腐蚀反应。此外,表面缺陷的减少降低了腐蚀粒子向金属基体的扩散速率,轧后带钢表面组织残余应力和变形的降低也削弱了材料的点蚀敏感性。

⑧ 采用溶剂热法制备的新型润滑添加剂氮掺杂碳量子点(N-CQDs),粒径约为 10 nm,具有类似氧化石墨烯的结构,含有多种含氧和含氮官能团。将 0.4% 的 N-CQDs 添加到 MoS_2 纳米流体中可以实现最佳的摩擦学行为,此时的摩擦系数和磨损率相对使用纯 MoS_2 纳米流体分别降低了 30.4% 和 31.0%,润滑状态为混合润滑状态。通过分析磨损表面形貌和化学成分,发现摩擦化学诱导的摩擦膜促成了润滑剂优异的润滑性能。摩擦膜的平均厚度约为 13.9 nm,由无定形物质、超细纳米粒子晶体以及具备自润滑作用的 $FeSO_4$/$Fe_2(SO_4)_3$ 组成。分子动力学模拟结果表明,MoS_2 中的 S 原子以及 N-CQDs 中含氧、含氮官能团与金属表面的相互作用增强了摩擦膜的稳定性和强度,从而更好地保护金属表面免受摩擦和严重磨损。

9.2 纳米流体润滑剂的研究趋势展望

金属加工润滑剂作为一种重要的制造工艺流体,在各种加工过程中扮演着至关重要的角色。金属加工润滑剂不仅可以降低摩擦、减少磨损和延长刀具寿命,还可以冷却切削区域、清洗切屑和减少加工误差等。因此,金属加工润滑剂的发展和应用对于提高加工效率、降低成本和提高产品质量具有重要意义。近年来,纳米流体在金属加工润滑领域的应用成为解决上述问题的有力途径,相关研究和工业实践方兴未艾。

然而,随着智能制造、工业互联网和电子信息工业等高新技术领域对金属材料需求的日益提高,金属材料加工过程中不可或缺的金属加工润滑剂快速发展的同时,也面临着巨大的挑战。针对切削、轧制、拉拔等不同的加工工况以及钢、不锈钢、钛合金、钽合金、有色金属合金等材料的多样化,金属加工润滑剂尤其是纳米流体润滑剂的定制开发,具有极高的研究价值,是今后金属加工润滑剂领域发展的重要方向。目前,金属润滑剂配方设计常用试错法、经验法和数学规划法等传统方法,逐渐显现出效率低下、局限性高、可靠性差等弊端。首先,传统润滑剂设计方法需要进行大量的实验验证,耗费时间和人力资源,这种方法需要较长时间来确定最佳润滑剂配方,增加了制造成本;其次,传统润滑剂设计方法的结果容易受到实验环境的影响。在不同的加工条件下,润滑剂的性能和行为可能会有所不同,导致设计结果不准确;再次,传统润滑剂设计方法无法充分利用先进的计算机技术和模拟方法,无法实现润滑剂性能的精确预测和优化设计,已难以满足实际生产对金属润滑剂的个性化需求。采用传统实验方法无法从原子和分子层面剖析金属润滑剂成分对其性能的影响及其作用的本质。因此,需要采用新的方法来解决传统润滑剂设计方法所面临的上述局限和挑战。

为了克服上述这些困难,纳米流体润滑剂的设计和评价需要借助先进的计算和模拟技术以及更为有效的实验手段。近年来,得益于计算化学、材料高通量计算、大数据乃至材料基因组工程的兴起,量子化学计算和分子动力学模拟在材料加工领域发挥了重要的作用。量子化学计算是一种基于量子力学原理的计算方法,可以用于预测分子结构、反应机理和化学性质等。在纳米流体润滑剂设计中,量子化学计算可以用于预测润滑剂中分子的结构和性质,如化学键长度、键角和电子密度等。此外,还可以通过量子化学计算模拟润滑剂在加工过程中的行为和反应机理,以更好地了解润滑剂的性能和行为,从而快速准确地预测润滑剂的性能,为纳米流体润滑剂的设计提供理论基础和指导;分子动力学模拟是一种基于分子间相互作用的模拟方法,可以用于预测分子在不同条件下的运动和行为。在纳米流体润滑剂设计与评价中,分子动力学模拟可以用于模拟润滑剂中分子的运动和行为,如分子的扩散、分布和聚集等。此外,还可以通过分子动力学模拟研究润滑剂在加工过程中的行为和反应机理,以更好地了解润滑剂的理化性能和摩擦学行为。

借助上述两种方法,可以从分子的微观结构和性质出发,预测纳米流体润滑剂的宏观性能,尤其是在极端工况下的实际使用性能。这对新型纳米流体润滑剂配方的个性化和高效化设计具有重要的理论和技术指导意义,从而实现从微观尺度到宏观尺度、从分子性质到产品性能的"自下而上"设计开发。除了预测润滑剂的性质,量子化学计算和分子动力学模拟也能够模拟宏观实验过程,从原子和分子水平上再现金属加工过程中涉及的复杂物理化学过程,成为探究润滑剂实现润滑、防锈、冷却等功能的微观作用机理的重要手段,是未来金属加工和摩擦润滑领域极为重要的研究方向。